中国灵芝

人工智能气候室创新栽培

张北壮　编著

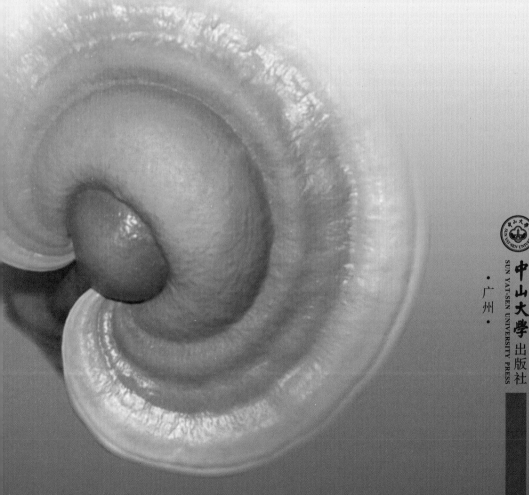

中山大学出版社

·广州·

图书在版编目（CIP）数据

中国灵芝：人工智能气候室创新栽培/张北壮编著．—广州：中山大学出版社，2019.11

ISBN 978－7－306－06715－9

Ⅰ．①中…　Ⅱ．①张…　Ⅲ．①灵芝—栽培技术　Ⅳ．①S567.3

中国版本图书馆 CIP 数据核字（2019）第 216029 号

出 版 人：王天琪
策划编辑：钟永源　梁惠芳
责任编辑：钟永源　刘吕乐
封面设计：曾　斌
责任校对：杨文泉
责任技编：黄少伟　何雅涛
出版发行：中山大学出版社
电　　话：编辑部 020－84110283，84111997，84110779，84113349
　　　　　发行部 020－84111998，84111981，84111160
地　　址：广州市新港西路 135 号
邮　　编：510275　　　　传　　真：020－84036565
网　　址：http://www.zsup.com.cn　　E-mail：zdcbs@mail.sysu.edu.cn
印 刷 者：佛山市浩文彩色印刷有限公司
规　　格：787mm×1092mm　1/16　15 印张　300 千字
版次印次：2019 年 11 月第 1 版　　2020 年 11 月第 2 次印刷
定　　价：68.00 元

作者简介

在英国剑桥大学康桥河畔

　　张北壮，中山大学生命科学学院副教授，中山大学南校区侨联会主席，广东省植物生理学会第九届理事会副秘书长。现担任中大仙谷堂灵芝产业科技园技术总监、中大生物技术基地植物医院首席专家、广州市番禺区农学会顾问及番禺区农业推广中心花卉病虫害防治专栏特约专家。几十年来从事植物生理学、生态学教学和研究工作。在科研方面先后主持了花卉和灵芝研究等 6 项课题，并主持"灵芝栽培新技术研究与开发"省部委产学研资助项目。曾在 *Seed Science and Techenology* 等国外杂志和国内刊物上发表 30 多篇学术论文。著有《植物的营养与病害控制》《作物栽培学》《花卉栽培技术》《香蕉栽培》《赤灵芝人工栽培技术》《红肉蜜柚栽培概述》《现代农业实用技术》和《现代生态学实验指导》等著作。

　　获国家发明专利 4 项、实用新型专利 5 项、外贸部科技进步奖和省科技进步奖 8 项。多次被评为中山大学优秀党员，2012 年度被评为广东省教育系统优秀共产党员，2018 年度荣获中国老科学技术工作者协会奖。

灵芝人工智能气候室创新栽培技术有关专利成果

发明专利：一种净化灵芝孢子的方法

专利号：ZL 201310341642.3，发明人：张北壮

发明专利：一种换热板

专利号：ZL 201210166892.3，发明人：杨学君

实用新型专利：

一种灵芝栽培立体支架　专利号：ZL 201720257709.9，发明人：杨汉波、张北壮、
　　　　　　　　　　　　　　　　　　　　　　　　　　　　　　杨学君

一种灵芝栽培室换气系统　专利号：ZL 201720410044.0，发明人：杨汉波、张北壮、
　　　　　　　　　　　　　　　　　　　　　　　　　　　　　　杨学君

发明专利：

一种复方灵芝袋泡茶的制备方法，专利号：ZL 201910928361.5，发明人：张北壮

一种灵芝破壁孢子粉除静电成粒方法，专利号：ZL 201910918008.9，发明人：张北壮

一种人工智能气候室栽培灵芝的方法，专利号：ZL 201910926374.9，发明人：张北壮、
　　　　　　　　　　　　　　　　　　　　　　　　　　　　　　　杨学君

实用新型专利：

一种灵芝人工智能气候室栽培系统，专利号：ZL 201921629510.X，发明人：张北壮、
　　　　　　　　　　　　　　　　　　　　　　　　　　　　　　杨学君

一种促进灵芝子实体原基分化的红光光照系统，专利号：ZL 201921630763.9，发明人：
　　　　　　　　　　　　　　　　　　　　　　　　　　　　　　张北壮、杨学君

○ 序 言 灵芝产业与健康同行

灵芝是中医药宝库中的精品，是中国历史上特有的祥瑞之物，有"仙草""瑞草"之称。早在公元290年，《尔雅翼》书中便有记载："芝，瑞草元前，一岁三华，无根而生。"自古以来灵芝被认为是天意、美好、吉祥、富贵和长寿的象征，被西方人称为"神奇的东方蘑菇"。"灵芝"这一称谓在我国家喻户晓，在中药学著作中始见于明代的《滇南本草》，而"灵芝"一词首见于三国大文学家曹植的《灵芝篇》。从明代开始，"灵芝"这一称谓便固定下来，在《西游记》及《本草纲目》中均有据可考。源远流长的民间传说中，灵芝一向被认为是一种能够起死回生、使人长生不老的神药。《白蛇传》中描述的"白娘子盗仙草"故事里，白素贞到南极仙翁那里盗来一种仙草，将她已经死去的丈夫许仙救活，这仙草便是灵芝。自古以来关于灵芝的传说不胜枚举，说它能起死回生、使人长生不老，固然不是事实，但是这些传说也从一个侧面反映出灵芝神奇的药效作用。

随着现代科学技术的进步和研究工作的深入，灵芝的药效功能被进一步显现出来。它对人体免疫的调节、抗肿瘤、抗氧化和清除自由基作用，对放射性损伤、化疗损伤的保护作用，以及对神经系统、心血管系统、呼吸系统、消化系统、内分泌系统的作用日益被国内外医学界所重视，大量现代临床研究表明，灵芝对多种疾病有较好的疗效。此外，灵芝在保健养生方面的功效也得到大众的认可，为广大重视健康的人群所青睐。

我国人工栽培灵芝的历史悠久，但是，目前大多采用传统的覆土栽培方法和大棚堆放栽培方法。在栽培过程不可避免要喷洒农药防治病虫害，因此灵芝子实体和孢子粉中的农药残留超标。此外，在灵芝生长过程中，其菌丝与土壤紧密接触，由于灵芝具有很强的富集重金属元素的生物学特性，土壤中的重金属向灵芝子实体和孢子粉中转移，造成其中重金属元素超标。

鉴于目前灵芝人工栽培这种现状，本书作者张北壮副教授的专家团队，利用他们多年来对灵芝人工栽培的研究成果和实践经验，与北京华夏仙谷堂生物科技有限公司、广东圣之禾生物科技有限公司、中山大学对口扶贫紫金县琴口村绿态灵芝种植专业合作社等单位通力合作，开展灵芝人工智能气候室创新栽培研究和试验。在人工智能气候室栽培灵芝是一项创新技术，它可以精准地模拟灵芝在生长发育过程对光照、温度、湿度、氧气和二氧化碳要求的各种环境条件，满足其正常的生长发育。在人工智能气候室，通过智能换热装置和超声波造雾装置，能完美地解决灵芝生长发育所需的温度和湿度的要求，它的优越性是常规栽培环境不可比拟的。在灵芝子实体发育期间用波长 650 nm 的红光促进其形态建成，在灵芝人工栽培领域属于首创。人工智能气候室在灵芝人工栽培上的应用，从根本上解决了传统的灵芝栽培受季节性影响，一年只能生产一茬的限制，同时也解决了空调室栽培灵芝时，温度、湿度、氧气三者之间的矛盾，并且灵芝的产量、质量和有效成分含量比传统栽培的灵芝显著提高。此外，人工智能气候室栽培的灵芝在人工智能气候室内的整个生长过程不受外界环境及气候的影响，不接触土壤，无虫害，不必喷洒农药，因此，灵芝子实体和孢子粉中没有农药和重金属残留，食用安全，符合国家卫生标准。

本书详细介绍了灵芝的生物学和生理学特性，人工智能气候室创新栽培技术的基本概念、工作原理和人工智能气候室栽培灵芝的优点，并且在书中引用了大量国内外专家学者有关灵芝药理作用、临床应用的研究成果和文献资料，图文并茂，内容翔实，可为灵芝产业化生产者提供宝贵的借鉴，也可为大众提供灵芝药效功能和医疗保健方面的知识，值得向广大读者推荐。

是为序。

（傅家瑞）

著名植物生理学家、种子生物学家、
国际种子学会理事、中山大学教授、博士研究生导师
2019 年 9 月

前　言

灵芝是我国中药宝库中的珍品，早在两千多年前的《神农本草经》和《本草纲目》中便有记载，自古以来被人们视为"仙草""神草"。随着现代科学技术的进步和研究工作的深入，灵芝的药效功能被进一步揭示。它对人体免疫调节、抗肿瘤、抗氧化和清除自由基作用，对放射性损伤及化疗损伤的保护作用，以及对神经系统、心血管系统、呼吸系统、消化系统、内分泌系统的作用日益被国内外医学界所重视。从20世纪70年代开始，灵芝在现代临床研究与应用方面有治疗肿瘤、慢性支气管炎和哮喘、冠心病和高血脂、高血压、糖尿病、神经衰弱、肝炎、肾病综合征、白细胞减少症、解救毒菌中毒，以及保健方面的临床应用。大量的临床试验证明，灵芝对慢性支气管炎、哮喘、冠心病、高脂血症、神经衰弱、肝炎、白细胞减少症和辅助治疗肿瘤等多种疾病有较好的疗效。灵芝制剂对弥漫性或局限性硬皮病、皮肌炎、多发性肌炎、红斑狼疮、斑秃、银屑病、白塞综合征、视网膜色素变性、克山病等也有一定的疗效。此外，灵芝在保健养生方面的功效得到大众的认可，为广大亚健康人群所青睐。

我国人工栽培灵芝的历史悠久，传统的栽培方法主要有两种，即覆土栽培方法和大棚堆放栽培方法。覆土栽培方法是将已长满灵芝菌丝的菌包脱袋，直立或平铺排放在预先经过农药杀菌杀虫处理的畦沟中，然后覆土，盖上稻草保持土壤湿润状态。这种栽培方法不可避免要喷洒农药防治病虫害，尤其在灵芝子实体出土后要定期喷洒农药除虫，因此，灵芝子实体和孢子粉中的农药残留超标。此外，灵芝生长过程菌丝与土壤紧密接触，造成土壤中的重金属向灵芝子实体和孢子粉中转移。由于灵芝和蘑菇等真菌一样，都具有很强的富集重金属元素的生物学特性，所以覆土栽培的灵芝，不管是子实体还是孢子粉中，镉、铬、砷、铅、铝等重金属元素均严重超标。大棚堆放栽培方法是灵芝菌包不脱袋，在开放性的荫棚中成排堆放5～7层培养。由于这种栽培大棚没有安装防虫纱网，虫害较多，也需要定期喷洒农药防治虫害，因此，灵芝中的农药残留多。此外，由于开放性栽培过程中老鼠、蟑螂等有害生物大量存在，卫生条件差，食品安全存在很大的隐患。我国迄今尚未制定灵芝的农药和重金属最高限量标准，如果参照我国食用菌农药残留和重金属限量标

1

准，目前市场上销售的大部分灵芝及其制品、制剂的农药残留和重金属含量，均不同程度地超过规定的限量标准。鉴于目前这种现状，中大生物技术基地与北京华夏仙谷堂生物科技有限公司、广东圣之禾生物科技有限公司和中山大学对口扶贫紫金县琴口村绿态灵芝种植专业合作社等单位，联合成立"中大仙谷堂灵芝产业科技园"，由中山大学的专家教授团队提供技术支持，开展灵芝人工智能气候室创新栽培技术试验。经过几年的潜心研发，现已建成50多间标准化种植灵芝的人工智能气候栽培室。人工智能气候室栽培技术完全达到设计要求，可不受季节限制整年连续栽培灵芝，获得多项国家发明专利和实用新型专利。目前生产规模达到年产100万个灵芝菌包，所产出的灵芝孢子粉和子实体含有效成分高，无农药和重金属残留，品质达到国家卫生安全标准，且产量也比传统栽培的灵芝高出数倍。同时，还制定了基于在人工智能气候室栽培条件下生产的灵芝子实体、灵芝孢子粉和灵芝孢子油软胶囊的质量标准，并取得北京和广东省食品安全企业标准备案。

　　本书第一至四部分内容主要简述灵芝的生物学和生理学特性，灵芝菌种分离和培养，以及人工栽培基质的配制和接种；第五部分内容重点介绍灵芝人工智能气候室创新栽培技术；第六至八部分主要介绍灵芝药效成分和药理作用以及临床应用研究。这部分内容引用了诸多国内外有关专家学者在灵芝现代研究方面的文献资料。虽然灵芝药理作用和灵芝临床应用所涉内容医学专业性很强，对非专业人士而言不太容易看懂，但不碍普通读者对灵芝药理作用、临床应用效果的基本了解。如读者对某临床试验感兴趣或有疑惑，可根据本书参考文献中提供的研究者和文献发表时间查阅原件，以飨读者。

　　本书暂且作为笔者多年来从事灵芝栽培技术研究的总结，同时也是对人工智能气候室栽培技术的实践体会，供读者参考。灵芝在传统栽培过程对于环境条件的要求并不很高，只要栽培环境具备遮光阴凉、通风透气的场所和适宜的温湿度条件，一般都能栽培出灵芝。但是，人工气候室栽培灵芝对环境条件的要求却严格得多，因为人工气候室相对是一种封闭的环境条件，灵芝在生长发育过程对光照、温度、湿度、氧气和二氧化碳要求显得尤其突出，不满足其条件便不能正常生长发育。在人工智能气候室，通过超声波造雾装置和智能换热装置，能完美地解决灵芝生长发育所需的温度和湿度的要求，它的优越性是常规栽培环境不可比拟的。而对光照、氧气和二氧化碳的控制则看似简单，做起来却大费周章。光照对灵芝生长发育是一个重要的限制性因子，在灵芝子实体原基发育成菌盖的阶段，光强和光质对其的影响至关重要，尤其是波长 600 ～ 650 nm 的红光在灵芝这一形态建成过程中起到重要作用（灵芝传统栽培方法是利用自然光照，其光质中已含此波段的红光，因此不必考虑红光因素）。摸索红光对灵芝形态建成的影响，曾采用20多种的设计方案，经过反复多次试验才取得理想的效果。此外，灵芝在生长发育过程需要充足的氧气，而在此过程中灵芝也将释放大量的二氧化碳。大气中的二氧化碳浓度一般为 300 ～ 400 ppm，灵芝在此浓度范围生长发育良好，随着二氧化碳浓度的增加，灵芝的生长发育将受到影响。当二氧化碳浓度超过 1 000 ppm 时，灵芝不能形成菌盖，亦即不能产生孢子粉。因此，在人工气候室栽培灵芝时，如何增加室内的氧气浓度同时降低二氧化碳浓度，是一个事关栽培成功与否的限制性因子。为了解决这一问题，常规的做法是采用通风换气的办法置换室内外的空气，达到排出室内二氧化碳、补充氧气的目的。通常春夏季采用这种方法是可行的，但是，冬季室外的二氧化碳浓度往往已经超过 500 ppm，因此，试图通过上述方法解决氧气和二氧化碳问题便不能奏效。幸运的是，我们的合作伙伴广东圣之禾生物科技有限公司拥有精湛的设备研作和程序数控设计方面的高端技术队伍，使得在建造人工智能气候室过程中遇到种种难题迎刃而解。人工智能气候室的应用从根本上解决了传统栽培灵芝受季节性影响，一年只生产一茬的限制，同时也解决了空调室栽培灵芝时，温度、湿度、氧气三者之间的矛盾，并且灵芝的产量、质量和有效成分含量方面比传统栽培的灵芝显著提高。

笔者在编写本书期间拜读了北京大学医学部林志彬教授主编的《灵芝的现代研究》，受益匪浅，并在本书中引用了林志彬教授和有关专家学者的文献资料，在此表示衷心的感谢。

本书的出版得到广东圣之禾生物科技有限公司杨学君董事长、北京华夏仙谷堂生物科技有限公司苏丹董事长和广东仙谷堂生物科技有限公司李祝兴董事长的鼎力支持；著名植物生理学家、种子生物学家、国际种子学会理事、中山大学博士研究生导师傅家瑞教授为本书撰写序言，特此一并致谢。由于笔者学识所限，本书中难免有疏漏和欠妥之处，恳请读者指正。

张北壮

2019 年 6 月 20 日

于中山大学康乐园

目　录

一

灵芝的生物学特性

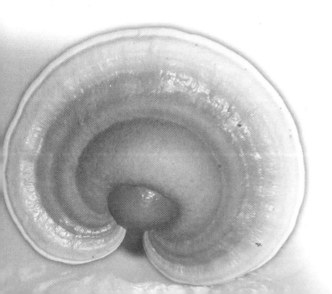

◯（一）　灵芝的分布

灵芝在我国的分布主要受温度、湿度、光照和宽叶树种分布等条件的影响。

1. 温度和湿度对灵芝分布的影响

温度和湿度是影响灵芝生长发育最重要的条件。而决定温度和湿度变化的主要因素则是气候的变化，因而我国灵芝的分布可按气候带划分为四种类型：

（1）热带和亚热带类型。

我国热带和亚热带包括广东、广西、福建、台湾、云南、贵州、四川等地，其气候特点是年平均温度较高，≥10 ℃的年积温达到4500 ℃以上，年均日温在20 ℃以上，年降水量达1 000～2 000 mm，湿度大，适合许多喜温湿条件的植物生长。这些地区生长的植物有常绿和落叶混交林、常绿阔叶林、季风常绿阔叶林、季雨林和雨林等植被区系。在这些地区生长的灵芝种类有喜热灵芝（*G. calidophilum*）、海南灵芝（*G. hainanese*）、大圆灵芝（*G. rotunodatum*）、黄边灵芝（*G. luteomarginatum*）、光粗柄假芝（*A. conjunctum*）、长柄鸡冠孢芝（*Haddowia longipes*）、咖啡网孢芝（*Humphreya coffeatum*）、橡胶树舌（*G. philippii*）和三角树舌（*G. triangulatum*）、灵芝（*G. lucidum*）等种类，是我国灵芝分布最集中的类型。

（2）温带类型。

我国温带包括江苏、湖北、河南、安徽、陕西、甘肃、青海、新疆南部、黄河流域以及辽宁、山东、吉林南部和内蒙古南部等地区。这些地区的气候特点是年平均气温较低，10 ℃以上年积温为1 600～3 400 ℃，年降水量为600～800 mm。植被有温带针宽混交林、温带落叶宽叶林和针叶林等区系。生长在这个区域的灵芝主要有灵芝（*G. lucidum*，图1－1）、紫芝（*G. sinense*，图1－2）、假芝（*A. rugosum*）、褐树舌（*G. brownii*）、树舌（*G. applanatum*，图1－3）等种类。此区域类型的灵芝虽然种类不是很多（已知有25个种类），但是分布区域广阔，单种数量多，尤其是灵芝（*G. lucidum*）和树舌（*G. applanatum*）单种数量最多，是我国食用最多的灵芝品种。

（3）低温类型。

我国低温地区包括东北的北部和西北的北部，年平均气温为 0 ~ 4 ℃，全年 ≥ 10 ℃的天数为 100 ~ 170 天，年积温为 1600 ℃左右，年降水量为 200 ~ 600mm。植被为落叶林和针叶林带。这一区域灵芝种类和数量均较少，主要有松杉灵芝（*G. tsugae*）、树舌（*G. applanatum*）和蒙古树舌（*G. mongolicum*）等几个种类。

（4）广泛分布型。

这一种类的灵芝可以适应我国南北各地的气候条件，最有代表性的是树舌（*G. applanatum*），分布在我国 27 个省区；其次是灵芝（*G. lucidum*），分布在我国 19 个省区，此品种也是广东地区人工栽培的主要品种。

2. 光照条件对灵芝分布的影响

光照条件是影响灵芝分布的第二个因素，灵芝种类的大多数生长在有散射光的稀疏林地或旷野，也有一些种类对光照的需要量很少，如假芝则大多生长在郁闭的密林中。

3. 宽叶树种分布对灵芝分布的影响

灵芝属除了少数种类如闽南灵芝、橡胶灵芝、热带灵芝对寄主植物有专一性外，大多数灵芝属种类喜腐生于阔叶树上，因而，阔叶树的分布影响到灵芝属种类的分布和种群的大小。南方常见的灵芝（*G. lucidum*）和树舌（*G. applanatum*）也喜腐生在阔叶树的腐木上，这些阔叶树种包括槭树属、杨树属、栗属、山毛榉属、白蜡树属、洋槐树属、栎属、柳属、榆属和茶属等阔叶树种。

（二）灵芝的分类

在科学文献中，灵芝属（*Ganoderma*）以灵芝 *G. lucidum* 为本属的代表种。灵芝属的特征在近 100 多年间经科学研究者的修正，认为灵芝属的分类主要是根据其担孢子（俗称孢子）来判定。根据 1996 Alexopoulos 与 Mims 所建立的真菌分类系统，灵芝的分类如下：

真菌界（Myceteae）

担子菌亚门（Basidiomycota）

　层菌纲（Hymenomycetes）

　　非褶菌目（Aphy11ophorales）

　　　灵芝菌科（Ganodemataceae）

　　　　灵芝属（*Ganodema*）

图1-1　灵芝（*Ganoderma lucidum*，又称赤芝）子实体，灵芝属的代表种

图1-2　紫芝（*Ganoderma sinense*）子实体

目前，灵芝属在全世界有文献记录的约有 120 种。作为灵芝属代表种的灵芝 *G. lucidum*（俗称赤芝、红芝）所指的并非单一种类，而是包括外观颜色相近红色的灵芝族群，凡是其子实体的菌伞或菌柄呈现不同层次的红色或褐色者皆属此类。在人工栽培的灵芝种类中，如薄树芝（*G. capense*）、狭长孢灵芝（*G. boninense*）、密纹薄芝（*G. tenue*）、松杉树芝

图 1-3　树舌灵芝（*G. applanatum*）子实体

（*G. tsugae*）和灵芝（*G. lucidum*）等均符合赤芝形态与色泽的定义。在过去几十年来所发表的灵芝化学成分和药理研究文献中，几乎都是以灵芝 *G. lucidum* 为研究材料。多孔菌分类专家赵继鼎根据其 30 年来收集研究灵芝 *G. lucidum* 标本的经验，认为中国地区的灵芝 *G. lucidum* 分布以黄河流域为主。从过去 100 年来有关灵芝 *G. lucidum* 的文献记录中查询得知，从欧洲的温带到非洲的热带均有其存在的标本，灵芝 *G. lucidum* 成为全球性分布的物种。

图 1-4　中大仙谷堂灵芝生态馆的巨型灵芝组合（个体直径 120 ～ 150 cm）

（三） 灵芝的形态特征

1. 灵芝孢子

灵芝孢子又称担孢子，是从成熟的灵芝子实体中喷射出来的种子。一个直径 12 cm 的成熟子实体可喷射出 10 亿～ 12 亿个孢子。灵芝孢子的个体非常细小，大小为 8 μm ×5 μm，在电子显微镜下将它放大 5000 ～ 10000 倍时，可见其个体似卵形，外壁平滑，表面布满小孔，顶端平截处为萌发孔（图 1－5）。灵芝孢子为双壁结构，多糖和三萜类化合物等有效成分被坚硬的几丁质纤维素组成的外壁包围，如果不打破孢壁，仅有 10% ～ 20% 的有效成分能被人体吸收，只有打开这层外壁，灵芝的精华部分才能最大限度地被人体吸收利用。

（电镜制片：张北壮，2009）

图 1－5 左图显示集结在灵芝子实体上的孢子，右图为未经破壁处理的灵芝孢子电子显微镜扫描图（8000 倍）

2. 灵芝菌丝体

灵芝菌丝是由许多细胞串连成的丝线状物，无色透明，具分隔及分枝，表面常分泌有白色的草酸钙结晶。组成灵芝菌丝体的菌丝依其形态和来源可以分为初级菌丝、次级菌丝和三级菌丝三种。初级菌丝的生长是以孢子内贮存的营养提供能量的，故其寿命很短。次级菌丝形成的菌丝体，寿命可达几年、几十年，甚至几百年。三级菌丝是构成子实体的菌丝，根据其形态及生理功能的不同，又把其分为生殖菌丝、骨架菌丝和联络菌丝三

图1-6 显示灵芝菌包表面白色部分为菌丝体

种。菌丝体从培养基中吸取营养，供子实体生长发育。

3. 灵芝子实体

灵芝子实体是在菌丝体提供其生长发育所需的营养和水分的基础上形成的，生长于培养基质的表面，其特有的形态分为菌柄和菌伞两部分。成熟后的灵芝子实体变为木质化，其表面组织革质化，成熟过程由黄白色转变成红棕色或红褐色，有油漆一样的光泽。灵芝生长时，先长菌柄，后长菌盖。菌柄多侧生，少见中生或偏生，菌盖为肾形、半圆形、马蹄形等，大小为（4～12）cm×（3～20）cm，厚度0.5～2 cm。子实体腹面的菌肉近白色至淡褐色，排列着密集而又整齐的菌管（图1-7）。灵芝子实体的菌管长达0.2～1 cm，管口初期白色，后期呈褐色，孢子从菌管处喷射而出。

图1-7 左图为发育成熟的灵芝子实体，右图为灵芝子实体腹面排列整齐的菌管

◯ (四) 灵芝的生活史

灵芝的生长发育经历从孢子→单核菌丝→双核菌丝→子实体→产生新一代的担子和担孢子的过程就是灵芝的生活史。在适宜的条件下，灵芝的孢子开始萌发生成单核菌丝，两种不同极的单核菌丝，通过质配形成双核菌丝。双核菌丝洁白粗壮，生长到一定阶段时，再通过特化、聚集、密结而形成子实体。灵芝子实体成熟后从菌盖下的子实层内喷射出孢子，从而又开始新的发育周期。现将其分为6个阶段（图1-8）。

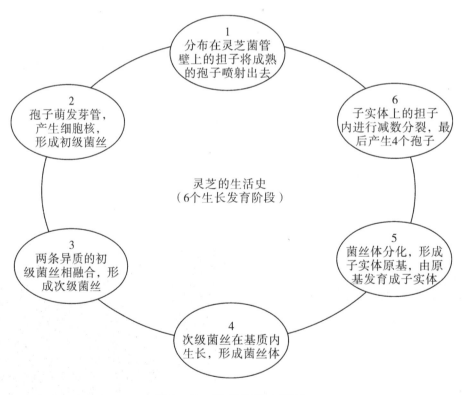

图1-8　灵芝生活史简述

灵芝经6个生长发育阶段即完成一个生命周期。灵芝在传统栽培过程中从形成初级菌丝开始至菌丝体分化，形成子实体原基前（1～4阶段），一般需要100～120天；从形成子实体原基至子实体发育成熟，形成孢子（5～6阶段），需要25～35天；从子实体喷射孢子开始至完成喷射过程，需要28～35天时间。由此可见，灵芝传统栽培方法在冬末至春季温度、湿度适宜，无极端气候条件下，完成一个生命周期大约需要6个月的时间。如果春季温度低（倒春寒）或者干旱，完成一个生命周期所需时间可能会延长1～2个月。

（张嘉莉，2019）

二

灵芝的生理学特性

●（一）　菌丝体生长期间所需的营养

1. 碳素营养

碳素是灵芝菌丝生长所需的主要营养之一。自然条件下灵芝在朽木中生长，其菌丝生长所需的碳源来自朽木。灵芝生长发育过程只能利用朽木中的木质素，而对朽木中的纤维素和半纤维素的利用率很低，因此，生长过灵芝的朽木将会留下纤维素和半纤维素，使朽木呈现出白色的腐朽现象。

灵芝菌丝不能吸收利用二氧化碳和碳酸盐类含碳无机化合物中的碳元素。最容易被灵芝吸收利用碳源为单糖、有机酸及醇类。一些大分子的木质素、淀粉、果胶等营养物质，只有通过各种酶类，将其分解为小分子的单糖或双糖（如阿拉伯糖、木糖、半乳糖、果糖及葡萄糖等）之后，才能被菌丝利用。

人工栽培灵芝时，可利用各种阔叶树的木屑或作物的秸秆、麸皮、米糠、糖渣及木材加工厂的废料作为碳源。在可以利用的碳源中，左旋木糖比葡萄糖更易被灵芝菌丝吸收，也更适合灵芝菌丝生长的需要。多糖类降解成左旋结构的单糖或双糖后才能被灵芝菌丝吸收利用，而右旋结构的单糖或双糖则难以被菌丝吸收利用。

2. 氮素营养

氮是灵芝菌丝合成蛋白质、核酸等含氮化合物时不可缺少的重要原料，而蛋白质又是菌丝生长、更新结构及修补结构的主要成分。同时，在其代谢过程中还能释放出部分能量。在自然条件下灵芝菌丝不能直接吸收朽木中的蛋白质和多肽类物质，只有经过蛋白酶类水解成氨基酸之后才能被吸收。人工栽培的灵芝菌丝可以从培养基质中直接吸收氨基酸、铵盐等含氮的小分子化合物，以及胺、尿素等含氮化合物。

人工栽培的灵芝当培养基质中碳源不足时，蛋白质、多肽类也可以作为碳源被菌丝吸收利用。但当灵芝菌丝以蛋白质和多肽作为碳源吸收时，菌包内会产生大量的氨，能引起菌丝自身中毒。灵芝菌丝主要利用有机氮，无机氮不能被充分利用，并且菌丝利用无机氮时，还要受到基质中酸碱度、铵盐及有机氮的含量等因素的影响。此外，灵芝菌丝的生长还需要无机盐类营养，如磷、钾、硫、镁和 B 族维生素。

（二）子实体生长期间所需的营养

在人工栽培灵芝过程中，当培养基质中可供吸收利用的营养成分被耗尽，或外界条件发生变化不适合菌丝继续生长时，菌丝便停止生长。此时，灵芝由营养生长转向生殖生长，即由菌丝生长期转向子实体生长期。这个时期的主要形态变化是由菌丝分化产生菌蕾，即子实体原基，并由菌蕾发育成子实体。子实体发育成熟后释放出担孢子（又称孢子）。子实体生长期的生理特点是菌丝吸收营养的能力明显减弱，并且对营养成分变化的适应能力降低。

子实体生长期间所需的营养有下列特点：

（1）当培养基质中可利用的碳源被耗尽时，菌丝生长期转向子实体生长期。

（2）子实体生长期间对氮源的需要明显降低，最适合的含氮量在基质中占 0.016%～0.032%，如果培养基质中可利用的氮含量超过 0.032% 时，则有利于菌丝生长，不利于菌丝分化和子实体生长。子实体生长期间所需要的氮源，主要是来自菌丝内储备的部分，因此，子实体可以在培养基质中无氮源的情况下发育成熟。

（3）子实体生长期间对各种营养成分之间的比例也发生变化，特别是碳与氮的比例会发生变化，此时的碳与氮比例为（30～40）:1 时，有利于子实体生长。如果基质中氮素营养含量过高，其代谢中会产生过多的中间代谢产物，后者可引起菌丝及子实体中毒，影响子实体正常生长。

（4）子实体生长期间所需的各种营养，主要由菌丝供应，如果储备不足，则菌丝会部分自溶，将其中可利用的营养转运到子实体中去，以保证子实体生长所需的营养。根据文献报道，人工栽培灵芝时培养基质中添加低聚糖、单糖、天冬酰胺、维生素 B 有利于菌丝的分化和子实体的生长。

（三） 灵芝生长发育所需的环境条件

1. 温度

灵芝的菌丝可在 5 ～ 35 ℃ 的温度范围生长，超出这个温度范围，菌丝则停止生长或出现异常生长及死亡。暴露在 0 ℃ 低温下的菌丝虽不能继续生长，但还可以保持生理活性，待温度升高到适宜的条件时又能正常生长。生长在朽木中的菌丝和基质中的菌丝即使在 −20 ～ −40 ℃ 的极端低温下，仍具有生理活性，但是当遇到高低温剧烈变化时，则会导致菌丝因失水而死亡。在 35 ℃ 以上的高温时，菌丝的呼吸作用大于同化作用，体内营养的消耗大于合成，造成代谢活动异常，也会导致菌丝死亡，特别是在高温、高湿的条件下更易引起菌丝死亡。灵芝菌丝在基质中最适宜生长的温度为 25 ±2 ℃。

灵芝子实体在生长期间对温度的适应范围为 15 ～ 30 ℃，温度高于 30 ℃ 时其适应能力减弱。子实体分化及生长的适宜温度为 17 ～ 28 ℃，最适宜温度为 23 ～ 25 ℃。子实体在营养生长转为生殖生长时，给予 8 ～ 10 ℃ 的温差条件有益于分化和生长。在温度偏低的条件下，子实体的质地较好，菌肉紧密，表面色泽较深；温度偏高（如 30 ℃）的条件下，子实体生长较快，但质量稍差，菌肉疏松，色泽较浅。

2. 水分

灵芝菌丝在生长期间，基质中含水量在 30% ～ 80% 范围内菌丝均可以生长，最适宜的含水量为 60% ±2%。基质中的含水量低于 30% 时，菌丝则停止生长或分化，处于休眠状态；含水量高于 80% 时，由于基质中氧气含量过低，菌丝生长缓慢，或导致菌丝休眠甚至窒息腐烂。菌丝在生长期间对空气中相对湿度的要求不严，只要培养环境的空气中相对湿度维持在 70% 左右，能保证基质中水分不因空气干燥而蒸发过多即达到其要求。如果培养环境的空气相对湿度低于 70% 时，会影响菌丝的生长速度，此时要在培养环境喷洒水分，增加空气中的相对湿度。如果培养环境的空气相对湿度高于 80% 时，则要通风降低空气湿度，以保证基质中有足够的氧气。

　　灵芝子实体生长期间，要求空气中的相对湿度保持在 85%～90% 。如果相对湿度低于 60% ，由于基质水分及菌丝水分不足，向子实体内运送营养减少，子实体内水分蒸发，则可造成子实体生长停滞。在这种干燥条件下超过 48 小时，如果子实体还处于原基状态，则原基停止生长，初始时原基变浅褐色，然后变成红褐色，革质化，表面有光泽，不能再生长。在干燥条件下，如果子实体已形成菌盖，则子实体停止生长，其边缘由原来的黄白色变成红褐色，随后子实体干缩，革质化，不能再生长。相对湿度低于 50% ，时间超过 24 小时，菌丝生长停止，不再发生分化，如果已形成子实体原基，则子实体原基很快变成红褐色，然后干死。相对湿度过高对灵芝生长发育也不利，当相对湿度高于 95% 时，由于空气中氧气含量降低，呼吸作用受阻，导致菌丝及子实体窒息，引起菌丝自溶和子实体的腐烂、死亡。

3. 光照

　　灵芝是异养性生物，没有叶绿素不能进行光合作用，人工栽培的灵芝其生长发育所需的营养靠培养基质提供，因此，灵芝的菌丝可以在完全黑暗的条件下正常生长。而光照反而对菌丝生长有明显的抑制作用，特别是波长 260～265 nm 的紫外光能够破坏菌丝中的核蛋白质，照射紫外光 30 分钟能杀死菌丝。直射的太阳光对菌丝有害，光线越强对菌丝影响越大。在光照强度 3000 lx（勒克斯）条件下，菌丝体的生长速度只有全黑暗条件下的一半。波长 570～800 nm 的红光，对菌丝生长无害。波长 400～500 nm 的蓝光能诱导菌丝的分化。

　　灵芝的子实体从形成原基开始至产生孢子的整个生长过程，均需要 1500～3000 lx 强度的散射光照，其中子实体的菌盖形成期间需要给予光谱波长为 600～650 nm 的红光，才有利于灵芝子实体的形成和孢子的产生。在黑暗或弱光（照度 20～100 lx）条件下，灵芝只长菌柄，不形成菌盖，子实体长成鹿角状（图 2－1）。当光照强度达到 1500 lx 以上时，菌蕾生长速度快，能形成正常的菌盖。灵芝的菌柄具有很强的趋光性，单方向的光照能促使菌柄徒长且向光弯曲。

图 2-1　光照不足时灵芝长出鹿角状子实体

4. 二氧化碳

二氧化碳能促进灵芝菌丝的生长。在自然条件下，空气中二氧化碳浓度为 300 ～ 400 ppm（0.03% ～ 0.04%），此时菌丝可正常生长。如果二氧化碳的浓度在一定范围内增加，可促进菌丝的生长。在温湿度条件不变的条件下，当二氧化碳的浓度增加 5% ～ 10% 时，菌丝的生长速度可加快 2 ～ 3 倍。当菌丝由营养生长转向繁殖生长时，如果二氧化碳的浓度为 350 ～ 400 ppm，菌丝分化速度快，但如果二氧化碳浓度高于 1000 ppm，则抑制分化。在温度较高、湿度较大的条件下，二氧化碳浓度偏高会抑制菌丝生长，甚至导致菌丝腐烂。

灵芝子实体生长期间，培养环境的二氧化碳浓度以 300 ～ 400 ppm 为宜，浓度高于 1000 ppm 时，促进子实体的菌柄生长，不能形成菌盖，不能产生孢子，只能形成鹿角状多分枝的畸形子实体（图 2-2）。

5. 氧气

灵芝是好氧性真菌，必须在氧气充足的环境中才能正常生长发育。在自然环境下空气中含氧量为 21%，菌丝和子实体均可正常生长。当环境的空气中含氧量稍低于 21% 时，对菌丝的生长及分化无影响。当氧含量低于 20% 时，相当于二氧化碳浓度增加到 1000 ppm 以上，会直接影响到子实体的发育，导致菌柄细长多分枝，无菌盖，形成畸形子实体。当氧含量高于 21% 时，能促进子实体生长，而对菌丝虽然不会引起死亡，但对其生长将受到抑制作用。

图 2 - 2 CO_2 浓度高于 1000 ppm 时，子实体畸形，不能形成菌盖

6. 酸碱度

灵芝的菌丝可以在 pH 4 ～ 8 的范围内生长，最适于菌丝生长的 pH 为 5.5 ～ 6.0。在偏碱性环境下菌丝生长速度减慢，pH 大于 9 时菌丝将停止生长。因为在碱性条件下，钙、镁等无机离子的溶解度增加，导致各种酶的活性、维生素的合成和正常代谢活动受到抑制。在人工栽培灵芝时，培养基的酸碱度控制在 pH 5.5 ～ 6.0 范围即可。虽然在菌丝生长过程中不断有各种有机酸等中间代谢产物产生，会使基质中的酸性增加，但是菌丝的中间代谢产物中也有氨的产生和积累，能使基质向碱性的条件变化。此外，基质中某些阴性离子被菌丝吸收后，也会使基质向碱性变化。因此在菌丝生长期间不必调控基质的酸碱度，因为菌丝的正常代谢活动对基质中的 pH 具有一定的自身调节能力，达到酸碱平衡。灵芝的子实体在生长期间，需要有中性或弱碱性条件，在酸性条件下孢子的发育将受到阻碍。

7. 化学物质

用于防治植物病害的多种农药对灵芝菌丝都具有杀伤作用。如升汞、醋酸苯汞、氯化乙基汞等汞制剂，杀菌性很强，可以破坏菌丝中的酶类，抑制呼吸作用，杀死灵芝菌丝或子实体。且此类农药对人、畜有剧毒，不能应用于灵芝的栽培生产。三苯醋酸锡（醋苯锡）、三乙基溴化锡苯胺络合物（乌米散）等有机锡制剂（高毒农药）对灵芝菌丝亦有杀伤作用。常用的一些低毒农药，如多菌灵、托布津、代森锌之类农药，虽然对灵芝菌丝的杀伤力较小，但使用次数多、剂量过大也会伤害灵芝菌丝。用于消毒的化学药物，如酒精、甲醛、高锰酸钾、新洁尔灭、漂白粉、石灰等，对灵芝菌丝亦有害，应控制使用时间和剂量，尤其不能直接应用于灵芝菌丝或子实体。春雷霉素、天瘟素、放线菌酮、内疗素等抗生素类杀菌剂是广谱抗菌药物，不建议在灵芝栽培过程中使用。有些对灵芝菌丝生长有益的化学物质，如三十烷醇对菌丝生长有明显的促进作用，浓度为 1×10^{-6} g/mL 的三十烷醇溶液可以加速菌丝的生长，但浓度超过 2.5×10^{-6} g/mL 时，对菌丝的生长有抑制作用。

（张嘉莉，2019）

三

灵芝菌种的分离及培养

◯（一） 灵芝菌种的分离

　　灵芝菌种的分离方法有三种方法：组织分离方法、孢子分离方法和基质内菌丝分离方法。组织分离方法操作较为简便，广泛应用于大规模的菌种生产；孢子分离方法主要在研究和菌株复壮时采用，而基质内菌丝分离方法因容易造成污染，较少被采用。

1. 组织分离方法

　　组织分离方法又称子实体菌丝分离方法。这种方法的分离材料是选取形态发育正常，无病虫害，正在生长的未喷射孢子的灵芝子实体，或子实体原基，取其菌盖边缘黄白色的部分（图3-1）。在无菌条件下用0.1%氯化汞水溶液或75%酒精进行子实体表面擦拭灭菌，用单面刀片或解剖刀在菌盖中间部位切取一块米粒大的组织，放在试管斜面培养基的中央。分离用的培养基可采用普通马铃薯培养基、麸皮提取液培养基等。通常一个子实体做10～20支试管，可多选取几个子实体作为分离材料，以供选择。将接有分离材料的试管置于26～28℃恒温箱内，培养2～3天即可见菌肉上有少量白色棉絮状的菌丝长出，7～8天后菌丝可长满斜面培养

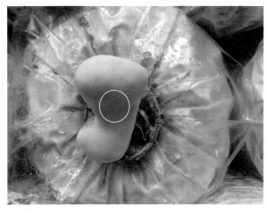
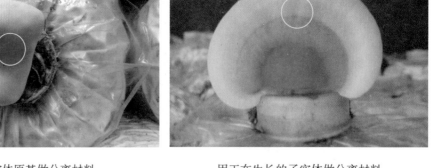

用子实体原基做分离材料　　　　　　　　用正在生长的子实体做分离材料

图3-1　组织分离法选取的分离材料（圆圈所示部位）

基。选取灵芝菌丝生长旺盛、均匀、洁白的试管作为试验和生产用的菌种。这种刚从子实体中分离出来的菌丝，通常称之为第一代母种试管，可保存在冰箱中供转管使用。组织分离方法操作简便，污染小，被广泛采用。

2. 孢子分离法

孢子分离方法是选取发育正常、个体大、健壮、已开始弹射孢子的灵芝子实体为材料。切除子实体的菌柄，在无菌条件下用0.1%氯化汞水溶液或75%酒精进行表面消毒，然后用无菌水冲洗多次，再用无菌棉擦拭干净。将菌管（子实体腹面）朝下放在经灭菌的培养皿内，然后用经75%酒精擦拭过的玻璃钟罩罩着，在25～30℃条件下经过5～6小时后，孢子散落在培养皿中，用接种针挑取少量孢子放入试管斜面培养基中部。然后，将接有孢子的试管移至26～28℃恒温箱内中进行培养。分离用的培养基可采用普通马铃薯培养基、麸皮提取液培养基等。孢子分离方法污染率比较高，应及时检查清除被杂菌污染的试管。待孢子萌发出菌丝时，用接种环挑取菌丝连同少量的培养基，转移到新的试管培养基中培养。孢子分离方法也可将子实体切成蚕豆大的种块，用无菌铁钩固定后置三角瓶中，瓶中有1 cm厚培养基，塞上棉塞。当发现孢子萌发出菌丝时要及时移管，因为孢子分离方法操作较复杂，污染率也比较高，主要在研究和菌株复壮时采用。

图3-2 在超净工作台上进行菌种分离和筛选工作

3. 基质内菌丝分离法

基质内菌丝分离方法是用灵芝生长的基质作为分离材料获得灵芝菌种的一种方法。其优点是在灵芝子实体已衰老时仍可以获得灵芝菌丝体。但是，在子实体生长时基质内的灵芝菌丝体不是单独存在的，往往和细菌、放射菌、霉菌及其他真菌生长在一起。为了获得纯灵芝菌丝体，分离时要非常注意分离材料的选择。应选取灵芝菌丝生长良好，基质尚未腐烂的作为分离材料。分离时接种块尽可能小些，所分离的菌种要经过出芝实验，确认是优良菌株才可以在生产上使用。基质内菌丝分离法虽然操作简便，成本低，但是非常容易污染，获取的菌种可能不纯，品质较差，因此在生产中较少被采用。

◯（二）　固体菌种的培养

1. 母种（一级菌种）的培养

（1）母种培养基配方。

马铃薯 200g、葡萄糖 20g、KH_2PO_4 3g、$MgSO_4 \cdot 7H_2O$ 1.5g、维生素 B_1 10 ~ 20mg、琼脂 18 ~ 20 g、水 1000 mL、自然 pH。配制方法：取去皮的马铃薯 200g，切成小块，加 1000 mL 水煮沸 20 分钟，滤去马铃薯块，将过滤液补足至 1000 mL，再加入配方的其他成分，搅拌均匀。然后将配好的溶液趁热装入试管，0.14 ~ 0.15MPa 灭菌 30 分钟，摆好斜面，冷却备用。一般 1000 mL 培养基可制作 100 ~ 120 支试管斜面培养基。

（2）母种的培养。

在第一代灵芝母种中挑选生长旺盛，菌龄较短，菌丝层尚未出现色素分泌物的斜面用于转管扩大培养。菌龄较长第一代母种，如果已产生韧质菌皮，不易钩取菌丝体，表示母种已老化，转管后菌丝生长速度较慢，不宜用作转管。转管时，在超净工作台上无菌条件下钩取黄豆大小的菌块，连同培养基一起放入另一支试管斜面培养基中央即可。如果希望菌丝尽快长满试管以供使用，可在斜面的多点接入菌丝块。接种后的试管置于 24 ~ 28 ℃培养箱中避光培养。接种 3 天后开始检查试管中有否污染，弃去污染的试管。待菌丝长满斜面时要及时转接第二代菌种，或者置于4 ℃冰箱中保存。经从冰箱保存的菌种需要进行转接二级菌种时，要认真检查母种有否污染，特别要检查棉塞的地方有没有霉菌斑点，已被污染的试管不可用作转接的菌种。大规模生产灵芝菌种时，一支规格为 180 mm ×180 mm 的试管一级母种，可接种 4～5 瓶二级菌种。

2. 原种 （二级菌种） 的培养

（1）原种培养基配方。

木屑 73%、麸皮 25%、蔗糖 1%、石膏 1%，将上述培养基质充分拌匀后加水，使培养基的含水量达到 60%～65%，pH 为 6.0～6.5，然后装入广口瓶中，压实，培养基装瓶至 3/4，并在培养基质的中心扎一锥形孔，然后加非脱脂棉塞；或将上述配好的培养基装入耐高温的塑料薄膜袋内，压实，在培养基质的中心扎一锥形孔，然后封口。在 0.14～0.15MPa 下灭菌 2 小时。培养基经灭菌后，冷却至25 ℃左右即可接种。

（2）原种的培养。

在无菌条件下将母种（一级菌种）转接到原种（二级菌种）培养基中。在无菌条件下，从一级菌种斜面培养基的前端插入，将试管表面革质化的菌膜与培养基剥离。将接种铲推到试管底部，露出带有菌丝的培养基，挑取玉米粒大小的一块菌种，放入二级培养基中间锥形孔边或覆盖于培养基表面，然后将广口瓶用非脱脂棉塞封口，如果用塑料薄膜袋装培养基，则接种后要扎紧袋口。将已接种的材料置于24～28 ℃下培养 30～40 天，菌丝长满培养基时，则可用于接种栽培种（三级菌种）。

3. 栽培种 （三级菌种） 的培养

（1）栽培种培养基配方。

栽培种的培养可用原种培养基配方，或用杂木粒 78%、麸皮 20%、黄豆粉1%、石膏 1%。将上述培养基质充分拌匀后加水，使培养基的含水量达到 60%～65%，pH 为 6.0～6.5，然后装入广口瓶中，压实，培养基装瓶至 3/4，并在培养基质的中间扎一锥形孔，然后加非脱脂棉塞；或将上述配好的培养基装入耐高温的塑料薄膜袋内，压实，在培养基质的中间扎一锥形孔，然后封口，在 0.14～0.15MPa 下灭菌 2 小时。培养基经过灭菌后，冷却至 25 ℃左右即可接种。

（2）栽培种的培养。

栽培种用原种（二级菌种）接种。在无菌条件下，将原种培养基蚕豆粒大小的一块菌体团挑起，接入栽培种培养基中间锥形孔边或覆盖于培养基表面，然后将广口瓶用非脱脂棉塞封口，如果用塑料薄膜袋装培养基，则接种后要扎紧袋口。将已接种的材料置于 24～28 ℃下培养 30～35 天，菌丝长满后则可作为接种材料。通常一瓶原种（二级菌种）可以接 50～60 瓶（袋）栽培种（三级菌种）。接栽培种时可用特制的长把匙子进行，每瓶接 1～2 匙原种。接入的菌种尽量成块状，并让少许菌种落入广口瓶（或薄膜袋）的中央孔内。

（三） 液体菌种的培养

1. 液体菌种培养基

液体菌种的摇瓶培养基可用葡萄糖 2%、淀粉 2%、黄豆粉 2%、蛋白胨 0.2%、硫酸铵 0.2%、氯化钠 0.25%、磷酸二氢钾 0.05%、碳酸钙 5%、自然 pH。一级摇瓶用 250mL 三角瓶，二级摇瓶用 500 三角瓶。在 250mL 三角瓶中加入 80mL 培养液，500 三角瓶中加入 150mL 培养液，用非脱脂棉做瓶塞，在 0.14～0.15MPa 下灭菌 2 小时。液体培养基经灭菌后，冷却至 25 ℃左右即可接种。

2. 液体菌种二级发酵法

挑选无污染的灵芝一级菌种或二级菌种，在无菌条件下，将菌种切碎，放入 250mL 三角瓶（一级摇瓶）中，加塞，放在往复式摇床上，150～220 r/min，28 ℃下培养 7 天左右。然后进行二级培养，在装有液体培养液，并经灭菌的二级摇瓶（500 三角瓶）中，加入 50mL 一级摇瓶中的培养液（接种量 5%～10%），然后将二级摇瓶放在往复式摇床上，80～100 r/min，28 ℃下培养 3～4 天后即可栽培菌种接种。液体菌种的优点是发菌快，接种方便。如果灵芝菌种的生产量较大，还可以采用发酵罐生产液体菌种。

◯ （四） 灵芝菌种的保藏

保藏菌种是为了便于随时扩接原种和栽培种，可节省人力和时间。灵芝试管母种的保藏一般是采用冰箱低温保藏，也可以采用矿油保藏、液氮保藏等多种方法。灵芝孢子粉可采用真空低温保藏、滤纸保藏、砂土管保藏等多种方法。

1. 固体原种低温保藏法

固体原种低温保藏法是保藏灵芝菌种的方法之一，做法是在培养基中掺一半绿豆大小的木粒，装入广口瓶，用非脱脂棉做瓶塞，在 0.14～0.15MPa 下灭菌 2 小时。培养基经灭菌后，冷却至 25 ℃ 左右即可接入灵芝母种。待菌丝生长至培养料 1/2 高度时，用灭菌过的薄膜与牛皮纸代替棉塞封口，用绳扎紧后再用石蜡密封。将菌种瓶用黑布或黑纸包好后置于 4 ℃冰箱中，可存放一年时间。需要使用时，在无菌条件下除去瓶口处的石蜡和封口纸，将菌种表层厚为 1～2 cm 的菌种剔除，取少许菌种接入备好的斜面培养基试管中，然后将接种后的试管置于24～28 ℃培养箱中避光培养。接种 3 天后检查试管中有否污染，若长出白色菌丝，无污染，则可用以扩种繁殖。扩种后若菌丝生长缓慢、发黄或发生其他异常情况，则应淘汰。固体原种保藏法的优点是保藏设备简单，适合农村较大规模菌种生产用。缺点是容易污染，保藏时间太久容易导致菌种衰老。

2. 试管斜面菌种液体石蜡保藏法

液体石蜡能隔绝氧气，抑制菌株代谢，防止培养基的水分蒸发，因而能起到菌种保藏作用。试管斜面菌种液体石蜡保藏法的做法是，在无菌条件下将灭过菌、去除水分的液状石蜡油注入试管斜面中，使液状石蜡油高出斜面尖端 2cm 即可。换用灭过菌的胶塞封口，直立存放在洁净和干燥的容器中，在≤25 ℃的室温下保藏。需要启用菌种时，在无菌条件下用接种钩取黄豆大小菌块，接入新配制的培养基中即可。由于菌种沾有液状石蜡油时菌丝初始生长较慢，如果发现菌丝沾有液状石蜡油，可转管 2～3 次，使菌丝生长速度恢复正常。液体石蜡保藏菌种可存放 2～10 年，在保藏期间每年要移管一次。试管斜面菌种液体石蜡保藏灵芝菌种，设备简单，污染率低，效果好。

3. 试管斜面低温保藏法

试管斜面低温保藏法是保藏灵芝菌种最常用的方法。试管斜面菌种体积小，制作简易，便于携带及移管。在生产和科研中经常性使用的菌种，可将试管斜面菌种存放在4℃冰箱中。放入冰箱中的灵芝菌种要做好菌种卡片，注明菌种来源、分离方式、培养基配方、移种次数、转接时间等内容。冰箱存放的试管斜面菌种，保存期较短，存放3～6个月后便要移管一次，移管次数多，容易造成菌种老化。如果试管用胶塞封口，可杜绝因棉塞造成的污染，并且可延长移管的间隔时间。

4. 液氮超低温保藏法

液氮超低温保藏法是目前世界上普遍使用的长期保藏微生物菌株的方法。液氮在常压下的温度为－196℃，在如此低温的条件下，菌种的代谢活动下降到最低限度，又由于二甲基亚砜、甘油等保护剂的作用，使低温状态下菌种内的水分不会形成冰晶，因而可保护菌种长期存活。液氮超低温保藏法的做法是，将试管斜面菌种连同培养基移入灭过菌的专用指形塑料管中，再注入经过灭菌的5%～10%二甲基亚砜或甘油，拧紧瓶盖后用石蜡沿瓶盖及瓶口接缝处密封。将指形管固定在铝制固定杆上，再集中放入液氮罐内。需要启用菌种时，先将指形管置于25～30℃水浴中解冻，再取菌块移入新配制的试管斜面培养基中培养，然后再扩接。

5. 灵芝孢子的滤纸保藏法

在适宜条件下灵芝孢子可存放数年，便于科研和育种。其优点是设备简单，易保存，易运输，保存期长，缺点是容易污染。灵芝孢子的滤纸保藏法做法是，选取生长正常、无病虫害、正在喷射孢子的灵芝子实体，让其喷射的孢子掉落在灭过菌的干燥滤纸上，然后将滤纸剪成小条状，放入瓶中，用棉塞封口，置于燥器中干燥1～2天后，再用石蜡封闭瓶口，置于4℃冰箱中保存。需要启用菌种时，将滤纸条剪成小块放入试管斜面培养基中培养，或将滤纸条用无菌水冲洗，并将冲洗液倒入经灭菌的培养皿上培养，然后挑取单菌落移管。

（五） 灵芝菌种的复壮

灵芝菌种的老化和退化是两个不同的概念。菌种老化是指随着菌种菌龄的增长，养料的消耗，菌种必然会出现的衰老现象。老化的菌种生命力减弱，最终导致其产品质量与产量下降。菌种退化是指菌种的染色体发生变异现象。这种遗传上的变异将会使其退化的性状能遗传给子代。灵芝菌丝内的酶合成能力下降、病毒感染、极性变异与单核化、菌株长期低温保藏及频繁的无性繁殖都可能引起菌种的退化。菌种一旦退化，菌丝的生长可能发生质变，菌丝生长越来越稀疏，子实体喷射孢子的能力下降，灵芝的药效成分含量也会受到影响。

灵芝菌种复壮最简便的方式是淘汰已退化菌种。对液氮或液体石蜡保藏的菌种进行移管培养，使菌株恢复正常生长的状况。灵芝菌种另一种复壮方法是对该菌种进行人工栽培，然后对子实体进行组织分离培养，获得长势恢复到原菌种状态的菌株。

（张嘉莉，2019）

四

灵芝人工栽培基质的配制和接种

⬤（一） 灵芝栽培基质配方

灵芝人工栽培一般采用混合基质栽培、短段木栽培两种方式。适宜栽培灵芝的树种在我国南方已知有 70 余种，大多数为阔叶树种，其中比较常用的有壳斗科的栲属、栎属、栗属；金缕梅科的阿丁枫属、枫香属；杜英科的杜英属等一些种类，如苦槠、山樱桃、锥栗、麻栎、枫香、泡桐、相思树、木麻黄等。这类树种材质较硬适合做家具，俗称杂木。北方地区则多用柞木、千金鹅掌等树种。一般树木的韧皮部较厚、材质较硬、心材较少、木射线发达、导管丰富的树种比较适合种植灵芝。含芳香酊类物质的树种，如杉树、松树、樟树、桉树等树种不适合栽培赤芝类（*G. lucidum*）灵芝。

1. 混合基质栽培配方

混合基质栽培的主要材料由杂木的木糠和有机物组成。所用的木糠需过 50 ～ 100mm 目筛，排除树枝和长条状木块，以防刺穿培养袋造成杂菌感染。混合基质常规配方为木糠78%、麸皮15%、玉米粉5%、碳酸钙1%、石膏粉1%；或按照木屑78%、麸皮20%、黄豆粉1%、碳酸钙1%、石膏粉1%的比例配制。

2. 短段木栽培用材

将树木锯成长度20cm的段木作为栽培用材，要求段面要平。新砍伐的段木和含水量较高的树种，可将锯断的段木扎捆后晾晒2～3日，段木的段面中心部位出现1 cm的微小裂痕为合适含水量，此时的段木含水量为35%～45%，适合作为短段木栽培材料。也可以将段木劈成小块后捆扎装袋作为栽培材料。

段木栽培灵芝对封山育林保护森林资源不利，国家政策不允许大量砍伐树木用于栽培灵芝，因此本书不推荐采用以段木为材料栽培灵芝，主要介绍混合基质栽培灵芝的有关技术。

（二）灵芝菌包的制作

1. 混合基质的配制

按木糠 78%、麸皮 15%、玉米粉 5%、碳酸钙 1%、石膏粉 1% 的比例倒入基质自动装袋机的配料槽中，加入清水搅拌均匀，混合基质的含水为 60% ~ 65%。根据经验判断是用手紧握培养料，指缝间有水迹即可。条件许可时可以用水分测定仪检测，确保混合基质含适宜的水分。由于每批次木糠的含水量不同，所以制作每一次基质的加水量不一样，切忌基质湿度过大或过小，水分太多时，常因缺氧使菌丝生长受到抑制；水分太少时，菌丝生长纤弱，难以形成子实体，产量低。灵芝喜欢在偏酸性的环境中生活，混合基质的最适宜为 pH 5.0 ~ 6.5。注意：配制混合基质时，要计算好每配一次料可装袋数量，以便确定每次的加料重量（装料至埋没配料槽的搅拌叶为止）。混合基质的含水量、酸碱度等条件符合时，启动配料槽的搅拌机，充分搅拌均匀后，打开配料槽的传料阀门，将混合基质转移至储料槽，并启动储料槽的搅拌机，准备传料装袋。

自动装料机装袋现场　　　　　　菌包封口　　　　　　等待灭菌的灵芝菌包

图 4 - 1　采用基质自动装袋机制作灵芝菌包

2. 基质装袋

将规格为 35cm × 17cm 的耐高温聚丙烯基质袋套在自动装料机的填料管上，启动基质传送带即可开始装袋。每个菌包袋装湿料1 000 g（干料约400 g）。然后将已装料的菌包袋的袋口套环，再将袋口翻转盖上具透气孔的外环，抖干净菌包表面的基质，整齐立放在耐高温的塑料筐中，再置灭菌箱中高温灭菌。

3. 基质灭菌

基质灭菌的目的是将培养料中存在的各种杂菌完全杀死，让灵芝菌丝在无杂菌的培养料上生长，如果培养料中杂菌很多，灵芝菌丝将不能生长。此外，灭菌处理后培养料中的木质素、纤维素得到一定程度的高温水解，有利于灵芝菌丝的生长。基质灭菌方法有高压灭菌法和常压灭菌法两种。高压灭菌是采用高温灭菌箱（锅），

高压灭菌锅　　　　　　　　　　　　高压灭菌箱

图 4 - 2　灵芝（包括所有食用菌）常用的高压灭菌设备

简易常压灭菌装备　　　　　　　　　常压火菌温度控制箱

图 4 - 3　灵芝（包括所有食用菌）普通的常压灭菌设备

在 0.14 ~ 0.15MPa 下灭菌 3 ~ 4 小时，停火以后保温 2 小时。基质经灭菌后，待冷却至 25 ℃左右即可接种。常压灭菌的温度较低（100 ±1 ℃），热量穿透速度较慢，灭菌时间较长。常压灭菌因为没有高压状态，比较安全，因此常被采用。常压灭菌时升温速度要快，当温度达到 100 ℃时算起，持续灭菌时间为 16 ~ 18 小时，停火以后保温 5 ~ 6 小时即可。将经过灭菌的菌包转移到经消毒处理过的接种室缓冲间，开紫外灯照射，待菌包内部的温度降至≤25 ℃时即可接种。

（三）　接种

1. 接种前的准备工作

接种是一个无菌操作过程，要求接种室清洁、干燥、无菌。接种室要在接种前开 1 小时紫外灯消毒，关闭紫外灯后接种人员才能进入接种室工作。紫外灯消毒时可将准备接种的菌包放入接种室同时进行菌包表面消毒处理，但是，菌种绝对不能在紫外灯下照射。接种室使用 10 天后要用臭氧或专用的空气消毒粉进行熏蒸消毒（用量为每立方米 4 ~ 8 克）。消毒时将空气消毒粉放在瓷碗中点燃，操作人员立即退出接种室，密闭接种室 24 小时，然后开门、开排气扇将消毒气体清除后，即可进行接种工作。

2. 接种人员的准备工作

接种人员进入缓冲间，脱下日常穿着的外衣，换上经过高温灭菌的白大衣，戴白帽和口罩，然后用肥皂清洗双手，吹干手上的水滴，再用 0.1% 新洁尔灭溶液擦手后即可进入接种室。进入接种室后，打开接种超净台（箱）的开关，用 75% 酒精喷洒接种位置 1 立方米范围的地方，同时喷洒双手。

3. 接种操作顺序

上述步骤做完后，3 人一组完成接种过程，接种员坐在接种超净箱的前方中间位置，所有操作过程要在接种超净台（箱）的前方中间位置，身体可稍侧一点，使气流从菌包周围通过，减少污染。接种时，先用 0.1% 新洁尔灭溶液清洗菌种的外包装，即三级菌种袋（瓶）的表面，然后用 75% 酒精抹擦袋（瓶）口和接种匙。3 个人的接种分工是，左边一人将待接种的菌包口上的塑料盖揭开，中间一人将菌种袋（瓶）口打开，剔除菌种最顶一层坚硬的老化菌丝体，用接种匙将菌种放入菌包内（每个菌包放 5～8 粒菌种），右边一人将已接种的菌包盖上盖，并将已接种的菌包放入筐中，满筐时连筐转移到接种室外。一般一袋三级菌种可接 50～80 个菌包。

图 4－4　在超净接种箱前将灵芝菌种接入菌包

　　菌包接种后立即转移到人工智能气候室中的培养架上，在适宜的温度、湿度、光照等条件下培养菌丝和出芝培养。

（左图为刚接入灵芝菌种的菌包，右图为完成菌丝发育阶段的灵芝菌包）

图 4－5　将已接入灵芝菌种的菌包放置控温培养，在无光照条件下培育菌丝

五

灵芝人工智能气候室创新栽培

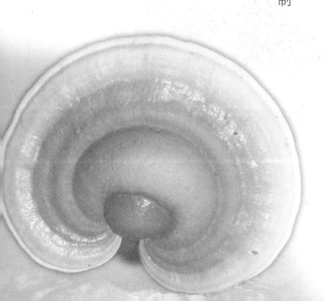

我国人工栽培灵芝的历史悠久，传统的栽培方法主要有两种，即覆土栽培方法和大棚堆放栽培方法。覆土栽培方法是将已长满灵芝菌丝的菌包脱袋，直立或平铺排放在预先喷洒农药进行杀菌杀虫处理过的畦沟中，然后覆土，再盖上稻草保持土壤湿润状态。这种栽培方法不可避免要喷洒农药防治病虫害，尤其在灵芝子实体出土后要定期喷洒农药防治虫害，因此灵芝子实体和孢子粉中的农药残留超标。此外，灵芝在生长过程中菌丝与土壤紧密接触，造成土壤中的重金属向灵芝子实体和孢子粉中转移。由于灵芝和蘑菇等真菌一样，都具有很强的富集重金属元素的生物学特性，所以覆土栽培的灵芝，不管是子实体还是孢子粉中，镉、铬、砷、铅、铝等重金属元素均严重超标。大棚堆放栽培方法是灵芝菌包不脱袋，在开放性的荫棚中成排堆放五至七层培养。由于这种栽培大棚没有安装防虫纱网，虫害较多，需要定期喷洒农药防治虫害，因此灵芝中的农药残留多。此外，由于开放性栽培过程中老鼠、蟑螂等有害生物大量存在，卫生条件差，食品安全存在很大的隐患。我国迄今尚未制定灵芝的农残和重金属最高限量标准，如果参照我国食用菌农残限量标准（GB 2763—2014）和重金属限量标准（GB 2762—2012），目前市场上销售的大部分灵芝的农残和重金属含量均不同程度地超过规定的限量标准。为了改变这种现状，广州中大生物技术基地与北京华夏仙谷堂生物科技有限公司、广东圣之禾生物科技有限公司及中山大学对口扶贫村紫金县琴口绿态灵芝种植专业合作社等单位，联合成立"中大仙谷堂灵芝产业科技园"，由中山大学的专家教授团队提供技术支持，开展灵芝人工智能气候室创新栽培试验。经过几年的潜心研究试验，人工智能气候室栽培技术完全达到设计要求，所产出的灵芝孢子粉和子实体含有效成分高，无农药和重金属残留，品质达到国家卫生安全标准，且产量也比传统栽培的灵芝高出数倍。 （发明专利号：ZL201910926374.9，张北壮，杨学君）

广州中大生物技术基地拥有一支由生物学、生态学、植物生理学和栽培学专家教授组成的专业技术团队，为中大仙谷堂灵芝产业科技园提供技术支持，开展灵芝人工智能气候室创新栽培试验。）

（位于广东省广州市番禺区）

图 5-1　广州中大生物技术基地外景

图 5-2 中大仙谷堂灵芝产业科技园总部（左图）和室内接待厅一角

图 5-3 人工智能气候室外貌（左图）和室内工作走廊（右图，每栋两排 12 间培养室）

图 5-4 中大仙谷堂灵芝生态馆室内灵芝文化长廊（实物、图片、多媒体展示）

○（一） 人工智能气候室的基本概念

人工智能气候室采用物联网智能监控技术、热交换节能技术、恒温换热技术、智能光照技术、超声波雾化加湿技术、PM 2.5 过滤技术，通过计算机模拟最适宜灵芝生长发育的温度、湿度（雾）、光照（光质和光强）、氧气和二氧化碳等自然条件。标准化的人工智能气候室规格为长 6～10 m×宽 6 m×高 4 m，采用立体栽培模式。

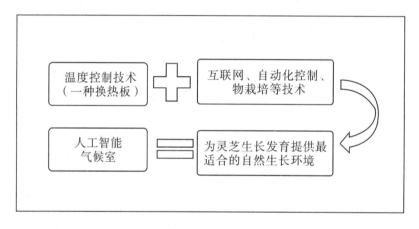

图 5-5　人工智能气候室的主要技术组成

○（二） 人工智能气候室的工作原理

人工智能气候室最重要的硬件组成之一是温度控制装置，它是一种新型的换热板，可控制栽培室空间内 15～40 ℃的恒温或昼夜变温的环境条件，并且在温度确定的条件下，湿度，氧气和二氧化碳浓度可任意调整。从根本上解决了传统栽培灵芝受季节性影响，一年只生产一茬的限制，同时也解决了空调室栽培灵芝时，温度、湿度、氧气三者之间的矛盾。（专利号：ZL201921629510.x，发明人：张北壮，杨学君）

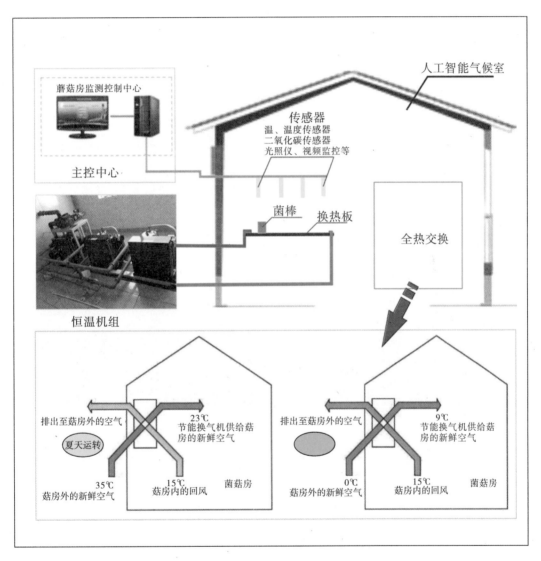

图5-6　人工智能气候室的工作原理示意

◯ (三)   人工智能气候室的设施

1. 人工智能控温栽培室

灵芝人工智能气候室是一个与外界环境相隔离的栽培空间，面积可根据需要而定，一般规格为长 6 ～ 10 m × 宽 6 m × 高 4 m，采用立体栽培模式。人工气候室的主体结构是方管钢铁框架，墙体采用厚度为 12 cm 的高密度防火彩钢夹芯泡沫保温板，培养室的顶层根据需要留透光口，透光口处安装双层玻璃保温。

图 5 - 7   灵芝人工智能气候室外观（左图）和室间缓冲隔离带（右图）

2. 智能温度控制装置

在传统方法栽培灵芝的过程，对温度的控制难度很大，一般是靠春季的自然天气条件栽培，如果当年春季气温高，雨水充沛，灵芝产量和质量高。如果春季气温时高时低，或者久旱不雨，灵芝产量低，质量差。有人尝试过用空调温室栽培灵芝，由于启动空调机降温或加温时会造成栽培环境干燥，灵芝不能正常生长发育，如果同时采用人工洒水加湿的方法，又会导致空调机因湿度大而受损，使栽培失败。

人工智能气候室采用中大仙谷堂灵芝产业科技园拥有的专利产品：一种新型换

热板（专利号：ZL201210166892.3）安装成恒温换热调控装置（图 5 - 8），能满足灵芝各个生长发育时期的温度要求。当栽培室内的温度超过设置温度时，温度传感器立即发出降温指令，控制系统便通过电脑程序将冷水输入换热板，使室内温度降低至设置的温度；当栽培室内的温度低于设置温度时，温度传感器发出加温指令，电脑程序将自动打开热水开关，将热水输入换热板，使室内温度升高至设置的温度。根据灵芝生长发育各个阶段所要求的温度条件进行程序设置，可控制栽培室空间内 15 ～ 30 ℃范围的各种恒温环境条件或昼夜变温的环境条件。采用这种新型换热板安装成的恒温换热调控装置，即使短时间（10 ～ 12 小时）停电，栽培室内的温度仍然能保持较适宜的范围。

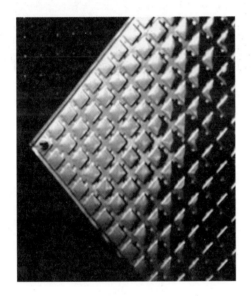

新型换热板（双不锈钢板，上端进水，下端出水）　　发明专利证书（杨学君，2012）

图 5 - 8　新型换热板及发明专利证书

3. 智能控温多层栽培架装置

人工智能气候室内的栽培架为立体支架结构，每个栽培架有四根方形钢管作为立杆，从上至下由四条长横杆和短横杆连接，构成单边四个栽培层结构（图 5 - 9）。多层栽培支架能有效地提高栽培空间的利用率，用传统方法栽培灵芝，一亩地（666 m²）最多可栽培一万个菌包，而采用人工智能气候室多层栽培方法，一间 60 m² 的人工智能气候室可栽培一万个菌包，与传统栽培方法比较，栽培空间的利用率高 10 倍。两组栽培架中间用 9 件 200cm×100cm 的新型换热板，串联安装在栽培架上。将连成一体的换热板上端的进水接口分别与冷水管和热水管连接，换热板下端的出水口与回流循环水管连接（专利号：ZL201720257709.9），通过内设恒温调控装置，能有效地保证灵芝栽培的温度要求。

图5-9　人工智能气候室采用新型换热板装备灵芝立体栽培架

4. 智能湿度控制装置

栽培环境的湿度对灵芝生长发育非常重要，人工智能气候室采用超声波雾化加湿器完成湿度控制（图5-10）。超声波雾化加湿器可根据灵芝不同生长发育时期所需湿度大小自动调控喷雾量，达到满足灵芝生长发育的要求。当栽培室内的湿度太大时，湿度传感器便发出指令，控制系统通过电脑程序启动干风机，使室内湿度降低至设置的湿度。如果栽培室内过于干燥时，湿度传感器立即发出指令，电脑程序将自动启动超声波雾化加湿器，使室内湿度加大至设置的湿度。

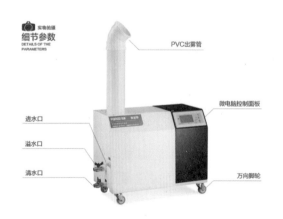

超声波雾化加湿器　　　　　　　　　　加湿器正在对培养室喷雾加湿

图5-10　超声波雾化加湿器及其在培养室中的雾化状态

5. 空气净化及氧气和二氧化碳控制装置

灵芝在整个生长发育阶段是消耗氧气和产生二氧化碳的过程，人工智能气候室内空气中的氧气和二氧化碳含量对灵芝生长发育影响很大。人工智能气候室采用恒温换气装置控制栽培室内的氧气和二氧化碳浓度（图 5 - 11）。当栽培室内的氧气低于设置浓度或二氧化碳超过设置浓度时，氧气和二氧化碳传感器便发出指令，电脑程序将自动启动恒温换气装置，使室内的氧气和二氧化碳浓度达到设置要求。恒温换气装置还具有调节空气温度和过滤 PM 2.5 粉尘的功能，当栽培室外的空气温度过高时，经过恒温换气装置处理，将空气温度调节至设置的温度要求，并经过过滤净化后输入室内（专利号：ZL201720410044.0）。

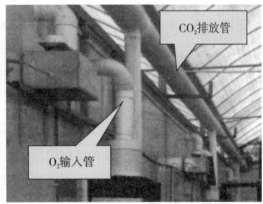

图 5 - 11　恒温换气装置（左图箭头指处），右图标示氧气和二氧化碳输排管道

6. 智能光照控制装置

人工智能气候室是一个与外界环境相隔离的栽培空间，不能直接采用太阳光，需要按照灵芝生产发育所需的光照给予补充人工光源。灵芝在不同的生长发育阶段所要求的光照强度和光质不尽相同，除了菌丝体生长期间不需要光照以外，从子实体原基形成至产生孢子的整个生长发育过程均需要 1500 ~ 3000 lx 强度的散射光照，其中子实体的菌盖形成期间需要给予光谱波长为 600 ~ 650 nm 的红光，才能形成正常的灵芝子实体和产生孢子。人工智能气候室采用智能光照控制器，通过电脑程序在灵芝生长发育的各个时期给予不同的光强和光质，确保灵芝生长发育正常。（专利号：ZL201921630763.9，发明人：张北壮，杨学君）

7. 物联网智能监控装置

根据灵芝各个生长发育阶段对温度、湿度、光照、氧气和二氧化碳的要求，预先设置在一个集成电脑控制板中，在灵芝栽培过程实现温度湿度控制、空气净化及氧气和二氧化碳控制、智能光照控制等环境因子的自动调控。同时采用物联网智能监控技术，可以异地远距离监控灵芝生长状况，还可以通过手机或电脑发出指令，远距离调节栽培室的光照、温度和湿度。

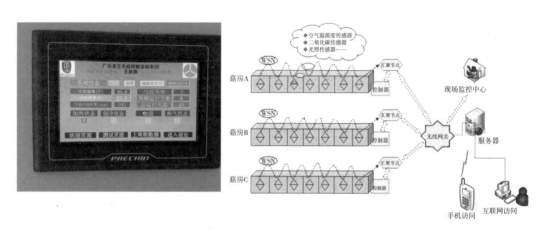

图 5-12　灵芝栽培系统集成电脑控制板（左图），右图为人工智能气候室物联网监控示意

◯（四）　人工智能气候室栽培灵芝的步骤

人工智能气候室栽培灵芝的过程从菌包接种开始至灵芝产品形成，可分为如下12个阶段性步骤（图 5-13）：

步骤①：按配方比例配制灵芝培养基质，在自动装料机上装袋，然后将已装料的菌包袋的袋口套环，再将袋口翻转盖上具透气孔的外环，抖干净菌包表面的基质，整齐立放在耐高温的塑料筐中，待高温灭菌。

步骤②：将已装袋的菌包整齐排列在高压灭菌箱中灭菌（也可以在常压下灭

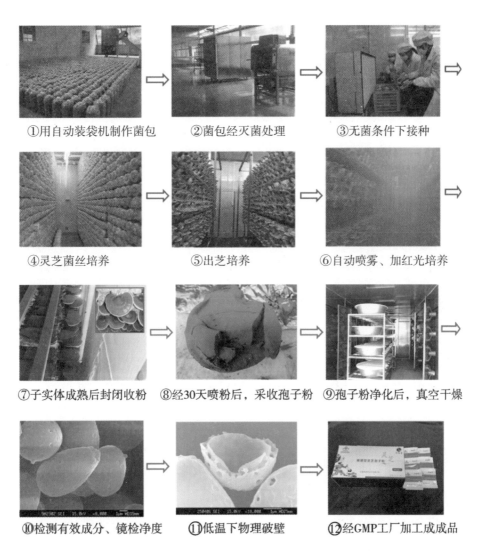

①用自动装袋机制作菌包　②菌包经灭菌处理　③无菌条件下接种

④灵芝菌丝培养　⑤出芝培养　⑥自动喷雾、加红光培养

⑦子实体成熟后封闭收粉　⑧经30天喷粉后，采收孢子粉　⑨孢子粉净化后，真空干燥

⑩检测有效成分、镜检净度　⑪低温下物理破壁　⑫经GMP工厂加工成成品

图 5-13　人工智能气候室栽培灵芝的步骤图示

菌）。基质经高压灭菌后，待冷却至 25 ℃左右即可接种。

　　步骤③：在超净工作台或超净接种箱的无菌条件下将灵芝菌种接入经灭菌处理过的菌包中，然后把已接种的菌包转移到人工智能气候室中培养。

　　步骤④：灵芝菌包在温度 22～25 ℃的黑暗环境条件下培养 30～40 天，菌包即可长满菌丝（传统方法栽培灵芝时，这一步骤需要 70～90 天）。

　　步骤⑤：灵芝菌丝长满菌包后，在光照、温度、湿度等适宜的环境条件下进行出芝培养。出芝培养时，菌包先分生出子实体原基，然后再发育形成菌盖。

　　步骤⑥：当子实体原基生长至 2～4 cm 时，除了要满足温度、湿度、氧气的条件外，还要给予红光照射，促进子实体的形成和生长。

步骤⑦：灵芝子实体的边缘白色消失（边缘变红褐）时，表明子实体已成熟，随即开始喷射孢子。采收孢子粉时可在培养架上用特制的带拉链的白布将四周围住，并用卡簧将白布固定。

步骤⑧、⑨：灵芝喷射孢子粉的过程历时约 30 天，当子实体停止喷射孢子时，将孢子粉收集，并立即将灵芝孢子粉置 35 ～ 40 ℃下真空干燥处理至含水量达到≤6% 标准要求。

步骤⑩：用电子显微镜抽样检测经干燥处理的灵芝孢子粉的净度、感官特色，并用化学方法检测其含多糖、三萜化合物等理化指标和农残、重金属含量。

步骤⑪：灵芝孢子粉在 GMP 生产车间，低温（－25 ～ －28 ℃）条件下超声波＋机械法进行破壁处理。

步骤⑫：在 GMP 生产车间将灵芝孢子粉按标准化规定生产出保健品。

○（五）人工智能气候室栽培灵芝过程的环境条件控制

1. 灵芝菌丝体培养

（1）温度条件。

灵芝菌丝体培养的适宜温度为 22 ～ 25 ℃。用传统栽培方法时，菌包长满菌袋需要 70 ～ 90 天，在人工智能气候室培养的菌包，22 ～ 25 ℃温度条件下 30 ～ 40 天可长满菌丝。在温度较低的条件下菌丝的生长时间延长，对充分利用培养料中的营养有好处。菌丝生长的时间太短，对培养料的营养利用不够，最终影响到子实体和孢子粉产量，因此，在人工智能气候室培养灵芝菌丝温度不能太高，培养时间不能太短，以 30 ～ 40 天为宜。

（2）光照条件。

灵芝菌丝体培养期间不需要光照，因为光照会抑制菌丝的生长，并能提早形成子实体。在黑暗条件下菌丝生长速度快，在光照强度 3 000 lx 条件下，菌丝体的生长速度只有全黑暗条件下的一半。

（3）湿度条件。

菌丝生长期间培养室的空气相对湿度要求 60% ～ 70% ，湿度太大容易感染杂菌。

（4）二氧化碳条件。

菌丝生长期间对 CO_2 的要求不严，培养室每天通风 1 小时即可。为了保证菌包中的菌丝生长均匀，每隔 10 ～ 15 天将菌包上下翻动一次，并检查杂菌污染情况，清除被杂菌感染的菌包。

图 5 - 14　人工智能气候室内培养的灵芝菌包（右图为长满灵芝菌丝的菌包）

当灵芝菌丝长满菌包时进行出芝培养，生长旺盛的菌丝体为纯白色，及时将菌包进行开口处理，出芝较快，子实体生长发育健壮。菌丝体颜色黄化时，表明菌丝已老化，活力降低，出芝较慢，子实体长势较差，并且容易感染杂菌。

2. 灵芝出芝培养

（1）预备工作。

配备 75% 消毒酒精。配制方法：量取 95% 医用（食用）酒精 750 mL，加 200 mL 蒸馏水，装入瓶中，贴上标签。将裁成 30cm ×30cm 的干净纱布叠成小方块，放入广口瓶中（每个瓶可放 20 ～ 30 小块），然后倒入 75% 的酒精浸泡过面，浸泡 30 分钟后即可用于工具和双手表面抹擦消毒。用过的纱布经过清洗干净，并用漂白水浸泡 10 分钟，再洗净、晒干、消毒后，可重复使用。

（2）刀具表面消毒。

将用于菌包开口的三角刀在酒精灯上烧 2 ～ 3 分钟，冷却后用 75% 酒精浸泡过的纱布抹擦表面消毒。用于拉开菌包口塑料盖的拉钩把手也要用 75% 酒精浸泡过的纱布抹擦消毒。此外，操作人员的双手指甲要尽可能剪短，双手用 75% 酒精浸泡过的纱布抹擦消毒几遍。

（3）菌包开口操作。

菌包开口时，首先由专人负责用消过毒的拉钩将菌包塑料盖拉脱（注意：尽量不要将菌包口的塑料袋与培养基拉开）。另外一人负责用消过毒的三角开口刀在菌包口中间插入 2～3 cm，即完成菌包开口操作。使用中的三角开口刀每完成 10 个菌包开口操作后，用 75% 酒精浸泡过的纱布抹擦表面消毒。

图 5 - 15　菌包开口时用拉钩将菌包塑料盖拉脱，三角刀插入菌包开口出 2～3 cm

3. 出芝培养的环境条件

（1）温度。

灵芝菌包开口后 3～5 天开始分化出子实体原基，子实体原基达到直径 3 cm 时，开始形成子实体菌盖，然后子实体逐渐长大至成熟。这一生长发育阶段需 15～20 天时间，最适温度为 25～28 ℃恒温条件，变温不利于子实体发育。栽培环境的温度低于 20 ℃时子实体的边缘出现浅褐色，生长发育受到抑制。温度高于 33 ℃时子实体老化变成红褐色，生长发育停止。子实体生长至成熟过程的颜色变化由白色→浅黄色→黄色→红褐色，当子实体的边缘白色消失（边缘变红）时，表明子实体已成熟，随即开始喷射孢子（图 5 -16）。在人工智能气候室中栽培灵芝，当栽培室内温度高于 28 ℃时，恒温换热调控装置的温度传感器立即发出指令，控制系统便通过电脑程序将冷水输入换热板，使室内温度降低；当栽培室内的温度低于 25 ℃时，温度传感器发出指令，电脑程序将自动打开热水开关，将热水输入换热板，使室内温度升高，栽培室内始终保持灵芝生长发育最适宜的环境条件。

①

②

③

④

⑤

⑥

图 5-16　①～⑥显示灵芝子实体出形成原基至成熟的各个阶段形态（张北壮，2017）

（2）湿度。

灵芝菌包开口后 48 小时内，室内湿度控制在 60% ～ 70%，湿度过高时菌包开口处容易感染霉菌。菌包开口 48 小时后湿度提高到 80% ～ 85%，菌包出现子实体原基（开口处白色的凸起）时湿度提高到 85% ～ 90%，子实体达到直径 3 cm 时湿度要求达到 90% ～ 95%。当子实体黄白色的边缘逐渐缩小至 2 ～ 3 mm 时，湿度要逐渐下降至 70% ～ 80%，这样才有利于孢子成熟。子实体喷射孢子粉前 5 ～ 7 天湿度要求 70%。喷射孢子期间的湿度以 65% ～ 70% 为宜。在人工智能气候室中栽培灵芝，各个生长发育阶段所需的湿度要求，均由湿度控制装置自动控制。

图 5 - 17　灵芝喷雾加湿的环境下生长发育（左图），右图为灵芝
　　　　　子实体成熟时控制水分状态

（3）光照。

光照对灵芝子实体原基的生长发育是不可缺少的环境条件，并且在不同的生长发育阶段对光照强度和光质的要求不尽相同，菌丝体生长期间不需要光照，从子实体原基形成至产生孢子的整个生长过程均需要良好的光照条件。人工智能气候室栽培的灵芝在出芝期间要求的光照强度为 1 000 ～ 1 500 lx，在子实体的菌盖形成期间需要给予光谱波长为 600 ～ 650 nm 的红光，才有利于灵芝子实体的形成和孢子的产生。

在人工智能气候室栽培灵芝时，如果每天只给予 12 个小时 1 000 ～ 1 500 lx 光强的普通 LED 光照，由于光谱中偏蓝光（波长 380 ～ 480 nm）的成分多，而波长

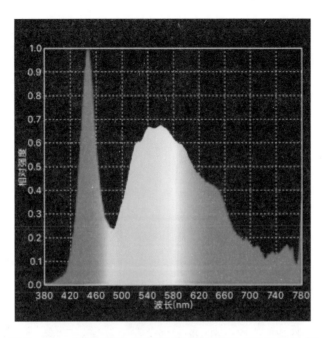

图 5 - 18　普通 LED 光照的光谱中蓝光/红光的比例
为 100/40 蓝光偏多，红光偏少

600～650 nm 红光成分少，灵芝子实体原基分化不正常，子实体发育畸形，不能产生孢子粉，最终导致灵芝子实体和孢子粉产量和质量降低。实地检测结果可见，LED 光照的光谱中峰值波长为 447 nm（图 5 - 18），蓝光（440 nm）/红光（630 nm）的比例大约为 100/40，蓝光偏多，红光偏少，灵芝子实体原基发育不良，形成畸形子实体（图 5 -19）。

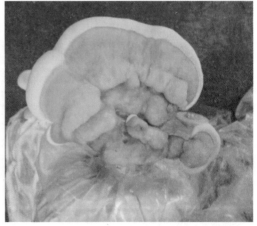

图 5 -19　在红光不足的光照条件下，灵芝子实体原基发育不良，形成畸形子实体

2、在人工智能气候室栽培灵芝时，每天给予12小时1000～1500 lx 光强的普通 LED 光照的同时，每天给予照射12小时波长为600～650 nm 红光光谱，灵芝子实体原基分化正常，子实体发育良好，灵芝子实体和孢子粉产量和质量高。实地检测结果可见，LED 光照＋红光光照系统时，光谱中峰值波长为634 nm（图5-20），蓝光（440 nm）／红光（630 nm）的比例大约为18/100，红光充足，能保证灵芝子实体原基分化，子实体发育良好，灵芝子实体和孢子粉产量和质量高。（图5-21）灵芝子实体原基发育期间用波长600～650 nm 的红光促进其形态建成，在灵芝人工栽培领域属于首创。（专刊号：ZL201921630763.9，发明人：张北壮，杨学君）

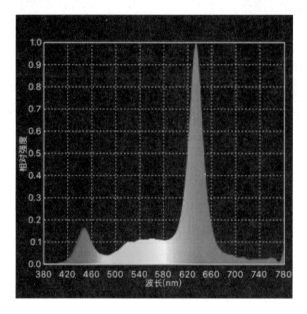

图5-20　普通 LED 光照＋红光光照系统的光谱中，蓝光/
红光的比例为18/100，红光充足

图5-21　在红光充足的光照条件下，灵芝子实体原基发育良好，子实体饱满个体大

图 5 −22 灵芝在红光环境下生长发育（左图），右图为灵芝在红光和雾态环境下生长发育

栽培环境的光照强度和光质适宜时，子实体生长迅速，菌盖粗壮厚实，灵芝孢子产量高，并且比较饱满。如果光照过强，子实体早熟，个体小而硬实，灵芝孢子产量低（图 5 −23）。光照强度低于 150 lx 时，子实体生长受到抑制，菌盖颜色浅，个体小而薄，产孢子粉少。在人工智能气候室栽培灵芝是采用智能光照控制器，通过电脑程序控制对灵芝生长发育的各个时期给予不同的光强和光质，确保灵芝正常生长发育。

图 5 −23 在适宜光照下栽培，灵芝子实体个体较大；
强光下灵芝子实体个体小而硬实

（4）氧气和二氧化碳。

灵芝是好气性真菌，它的整个生长发育过程中需要足够的氧气。正常情况下新鲜空气含氧气量占 21% 的体积，当栽培环境的含氧量小于 20% 时，子实体生长速度显著降低，含氧量小于 19% 时，子实体停止生长，甚至坏死。子实体在生长发育过程对 CO_2 极为敏感。通常大气环境中的 CO_2 浓度为 300 ~ 400ppm（0.03 ~ 0.040%），当栽培环境的 CO_2 含量高于 1000ppm（0.1%）时，子实体生长畸形，不能产生孢子粉，CO_2 含量高于 2000ppm 时，子实体长成鹿角状分枝。灵芝在出芝期间培养室内 CO_2 要控制在 350 ~ 400ppm，CO_2 高于 400ppm 时，预置控制程序将启动恒温换气装置器进行通风循环，补充新鲜空气，降低 CO_2 浓度。（图 5 - 24）

生长发育正常的子实体

正常发育成熟的子实体

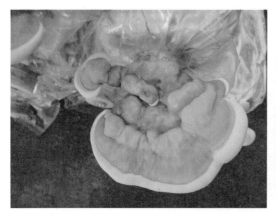

CO_2 浓度过高时子实体畸形

CO_2 浓度特高时子实体成鹿角状

图 5-24 灵芝子实体在氧气充足和缺氧、CO_2 浓度过高的环境下生长发育的形态差异

4. 灵芝孢子粉的采收

灵芝子实体的边缘白色消失（边缘变红褐）时，表明子实体已成熟，随即开

始喷射孢子。灵芝的孢子（又称担孢子），它从灵芝子实体腹面的菌管（图5-25）喷射而出，通常一个直径10～12 cm的灵芝子实体，可喷射8亿～10亿个孢子。一天中上午7点至10点，下午4点至6点是灵芝子实体喷射孢子的高峰时间（图5-26）。在子实体喷射孢子的高峰时间，白布包围的培养架内充满漂浮着的孢子，如同弥漫的大雾。

 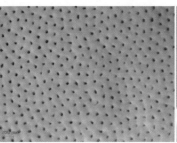 

发育成熟的灵芝子实体　　　　子实体腹面的菌管表面　　　　子实体腹面的菌管纵切面

图5-25　发育成熟的灵芝灵芝子实（左图）及其腹面的菌管表面和纵切面

孢子从子实体腹面喷射而出（杨学君，2016）　　　灵芝子实体表面集成的孢子粉（张北壮，2013）

图5-26　灵芝灵芝子实喷射孢子的状态（左图）及子实体表面集成的孢子粉（右图）

　　人工智能气候室栽培的灵芝，子实体的成熟时间基本一致，个体差异很小，采收孢子粉时可在培养架上用特制的带拉链的白布将四周围住，并用卡簧将白布固定（图5-27）。

　　（1）采收孢子期间的环境条件。

　　温度条件：采收孢子粉期间温度要求25～28 ℃。温度低于20 ℃或高于35 ℃子实体停止喷粉。通风良好的条件下28 ℃是最适宜的温度，一般25～30天完成喷粉过程。如果在 25 ℃下需 30 ～ 35 天才能完成喷粉过程。

图 5 – 27　采收灵芝孢子粉时用白布将培养架的四周封闭，控温控湿并通入氧气

湿度条件：采收孢子期间湿度要求 60% ～ 70%，湿度太低时子实体喷粉量减少，湿度太高时子实体和孢子粉容易受杂菌感染。

光照条件：人工智能气候室栽培的灵芝，在子实体喷粉期间要求的光照强度为 500 ～ 800 lx。

空气条件：人工智能气候室栽培的灵芝在子实体喷粉期间 CO_2 要控制在 400 ～ 450ppm。培养室内的 $CO_2 \geqslant 450$ppm 时要及时通风换气，补充新鲜空气降低 CO_2 浓度。培养架内接入一条 1 cm 大的通气管，气体由下向上流动。

（2）孢子粉的采集。

人工智能气候室栽培灵芝子实体喷粉过程需要 25 ～ 30 天，喷粉时间太短影响产量，时间太长孢子粉容易变质。生产过程中要根据实际情况确定收粉时间，发现子实体已停止喷射孢子时即可收粉。

采集灵芝孢子粉时，先将培养架正面的白布从上方开始取下卡簧（培养架两侧和顶部的白布待全部菌包的孢子粉采收完后才取下），用自动采收机或用排扫将子实体上的孢子粉扫入容器（桶和盆均可）中，当天 5 点钟前将采集的全部灵芝孢子粉进行干燥处理。采集完灵芝孢子粉的第二天将子实体切下，再切片干燥。

（3）灵芝孢子粉的干燥和净化处理。

灵芝孢子粉采集后放在口径 70 cm 的大铝盆中，每盆 2 ～ 3 kg，用特制的收口白布套将盆口罩着，防止孢子粉飞扬。通常是上午集中人力收集孢子粉，下午 5 点前将所采集的孢子粉置温度 40 ～ 45 ℃、大气压 −0.08 ～ −0.09MPa 的真空条件下干燥处理 18 ~ 20 小时，直到孢子粉含水量达到 ≤6% 时为止。真空干燥的时间长短取决于孢子粉的量，干燥处理时每盆盛 2 公斤孢子粉时，真空干燥时间要 16 ~ 18 小时可达到标准含水量，随孢子粉重量增加，真空干燥所需时间要延长。灵芝孢子粉达到标准含水量时，在电动过筛机上，用 250 目标准钢筛过滤，去除杂质，然后按每袋 2.0 kg 抽真空包装，置于 15 ℃ 下干燥储存。（图 5 - 28）

（大盆上罩着白布，以防止空气流动导致孢子粉流失）
图 5 - 28　大型真空自动干燥箱（左图），右图展示真空干燥箱内放置盛有孢子粉的大盆

对散落在菌包上和白布上的灵芝孢子粉，采用灵芝孢子粉低温洗涤发明专利技术（图 5 - 30，图 5 - 31，专利号：ZL201310341642.3，发明人：张北壮），进行低温洗涤、真空干燥、净化提纯，即将采收的灵芝孢子粉置于 2 ~ 6 ℃ 的冰水洗涤、过筛，收集滤液；将滤液匀速注入三足式离心机中（5 ℃ 下、2000 r/min）离心脱水（图 5 - 29），获得块状灵芝孢子粉；将块状灵芝孢子粉置温度 40 ~ 45 ℃、大气压 - 0.08 ~ -0.09MPa 的真空条件下干燥，最后达到净度为 100%，含水量 ≤6% 为标准。灵芝孢子粉达到标准含水量时，

图 5 - 29　三足式离心机（将滤液匀速注入机中，5 ℃ 下、2000 r/min 离心脱水）

按每袋2.0 kg抽真空包装，置15 ℃下干燥储存。

图5-30　灵芝孢子低温净化技术发明专利证书（张北壮，2015）

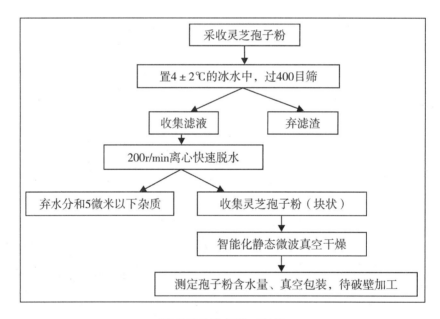

（张北壮发明专利，2015）

图5-31　灵芝孢子粉低温洗涤、真空低温干燥专利技术工艺流程

（4）各项质量指标检测。

灵芝孢子粉经过干燥处理后抽样检测其各项质量指标，包括孢子粉感官特色、

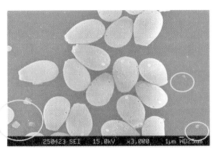
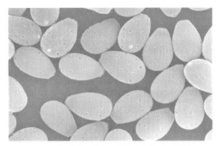

未经洗涤净化的灵芝孢子粉中有
小于5μm×5μm杂质（圆圈所示）

经过净化处理后的灵芝孢子粉
无杂质、个体饱满

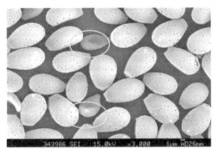

未经洗涤净化的灵芝孢子粉中有畸
形和空瘪的孢子（圆圈所示）

经过净化处理后的灵芝孢子粉无杂
质、个体饱满

图5-32　灵芝孢子粉经低温洗涤净化处理前后比较

理化指标、农残和重金属含量。（图5-32）

　　灵芝孢子粉的感官特点和形态：未破壁的灵芝孢子粉细腻滑嫩，棕褐色或咖啡色，具菌香味，无苦味，在扫描电镜下，孢子呈近椭圆形至卵圆形，直径5μm，长度8～10μm，较小的一端的端部有萌发孔，表面呈多孔结构。（图5-33）

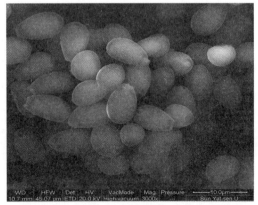

图5-33　未破壁的灵芝孢子粉棕黄色，右图为电子显微镜下的形态（张北壮，2009）

表 5 - 1　灵芝孢子粉感官要求

项　目	指　标
色　泽	内容物呈棕褐色
滋味和气味	具本品特有清香味
性　状	内容物为粉末状至微小颗粒状
杂　质	无肉眼可见的外来杂质

灵芝孢子粉的理化指标：未破壁的灵芝孢子粉含水量≤6%，B级灵芝多糖≥1.0%，三萜≥4.0%。破壁后的灵芝孢子粉含水量≤6%，B级灵芝多糖≥1.0%，三萜≥4.0%。

灵芝孢子粉多糖含量的检测：按照广东圣之禾生物科技有限公司发布备案的【广东省食品安全企业标准，Q/GDSZH 002—2017】：《破壁灵芝孢子粉检测标准》的有关规程（张北壮、杨学君、何绍清，2017），检测灵芝多糖含量。

灵芝孢子粉三萜类含量的检测：按照广东圣之禾生物科技有限公司发布备案的【广东省食品安全企业标准，Q/GDSZH 002—2017】：《破壁灵芝孢子粉检测标准》的有关规程（张北壮、杨学君、何绍清，2017），检测灵芝三萜类含量。

灵芝农残和重金属的检测：按照我国食用菌农残限量标准（GB 2763—2014）和重金属限量标准（GB 2762—2012）检测灵芝孢子粉和子实体的农残和重金属含量。（详见表 5 -1 至表 5 -8）

表 5 - 2　灵芝孢子粉理化指标

项　目	指　标
水分 %	A级≤6，B级≤8，C级≤10
灰分 %	≤3
过氧化值　　mg/g	A级≤10，B级≤15，C级≤25
镉（以 Ge 计）mg/kg	≤0.2
汞（以 Hg 计）mg/kg	≤0.2
砷（以 As 计）mg/kg	≤0.5
铅（以 Pb 计）mg/kg	≤0.5
六六六　　　mg/kg	≤0.05
滴滴涕　　　mg/kg	≤0.05

表 5-3 灵芝孢子粉标志性成分指标

项　　目	指　　标		
	A 级	B 级	C 级
灵芝三萜（以熊果酸计）g/100g	≥8.0	≥4.0	≥2.0
粗多糖（以葡萄糖计）g/100g	≥1.2	≥1.0	≥0.8

表 5-4 灵芝孢子粉微生物指标

项　　目	指　　标
菌落总数　cfu/g	≤1000
大肠菌群　MPN/100g	≤40
霉菌计数　cfu/g	≤25
酵母计数　cfu/g	≤25
致病菌（指沙门氏菌、志贺氏菌、黄金色葡萄球菌、溶血性链球菌）	不得检出

灵芝孢子油软胶囊的检测：按照广东圣之禾生物科技有限公司发布备案的【广东省食品安全企业标准，Q/GDSZH 003—2017】：《灵芝孢子油软胶囊检测标准》的有关规程（张北壮、杨学君、何绍清，2017），检测灵芝孢子油软胶囊的多糖和三萜类含量。

表 5-5 灵芝孢子油软胶囊的感官要求

项　　目	指　　标
色　　泽	内容物呈浅黄色
滋味、气味	具本品特有滋味和气味，无异味
性　　状	透明橄榄型软胶囊，内容物为油状液体
杂　　质	无肉眼可见的外来杂质

表 5-6 灵芝孢子油软胶囊的标志性成分指标

项　　目	指　　标
灵芝总三萜（以熊果酸计）g/100g	≥12.8

表5-7　灵芝孢子油软胶囊的理化指标

项　目	指　标
灰分　%	≤3
崩解时限　min	≤60
酸价（KOH）　mg/g	≤3
过氧化值　g/100g	≤0.25
砷（以As计）　mg/kg	≤1.0
铅（以Pb计）　mg/kg	≤1.5
汞（以Hg计）　mg/kg	≤0.3

表5-8　灵芝孢子油软胶囊的微生物指标

项　目	指　标
菌落总数　cfu/g	≤1000
大肠菌群　MPN/100g	≤0.92
霉　菌　cfu/g	≤25
酵　母　cfu/g	≤25
致病菌（指沙门氏菌、志贺氏菌、黄金色葡萄球菌、溶血性链球菌）	不得检出

（5）电子显微镜检测方法。

① 样品铜台的处理：用刀片将样品铜台载物面的异物清除干净，再贴上双面胶。然后取一片载玻片，用玻璃刀分割成大小相仿的若干份放在铜台上，稍微用力挤压边缘使其固定于双面胶上，并做好编号。

② 观察样品的制备：分别称取0.2g破壁或未破壁孢子粉放在烧杯中，加入60mL水，用玻璃棒搅拌约2分钟，使其均匀溶解。用玻璃棒蘸取少量溶液滴加到铜台的小载玻片上。然后将铜台置于45℃烘箱中烘干2天，经喷金处理后即可在电子显微镜下进行超微结构观察。

③ 电子显微镜扫描观察：电子显微镜开机，预热，机器显示正常状态时，拉出移动样品杆，将待观察的样品置于视野中央。

④ 旋转"magnification"键，放大观察目标，按"focus"键进行聚焦，使观察目标清晰。

⑤ 按"RDC image"弹出小窗口，在小窗口内，重复④操作，进行微调，使目标更加清晰。直到找到合适的视野时即可进行拍照。拍照的方法是，按"fine view"固定画面，按"freeze"进行构图，点击电脑端 N 键即完成照相，然后按"save"键将照片保存在计算机中。

⑥ 拍照完毕后，按"freeze"键解除构图，再按"quick view"解除固定画面，重复④、⑤操作观察其他目标和拍照。

操作电子显微镜时务必注意：当发射电流从饱和值 12.5μA 逐渐下降至 6.0μA 时才允许按"RESET"键，否则，一经发现错误操作，将被取消电子显微镜上机资格。(图 5 - 34)

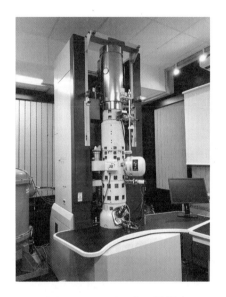

图 5 - 34 电子显微镜

5. 灵芝子实体的采收

（1）洗涤处理。

灵芝子实体采收孢子粉后，用界纸刀在子实体柄部切断，用清水冲洗表面后在切片机上切成片，然后置于温度 60 ~ 75 ℃、大气压 -0.08 ~ -0.09MPa 的真空条件下干燥处 10 ~ 15 小时，直到子实体含水量≤10% 时达到质量标准。有条件时，可将子实体置 100 ℃中蒸 3 ~ 5 分钟，然后切片，再置于温度 60 ~ 75 ℃、大气压 -0.08 ~ -0.09MPa 的真空条件下干燥至水量达到标准要求。

（2）检测。

灵芝子实体经过干燥处理后抽样检测其各项质量指标，包括子实体的感官特色、理化指标、农残和重金属含量。检测标准按广东省植物工厂智慧栽培企业标准

《人工智能气候栽培灵芝植物工厂》（Q/GDSZH 001—2017，张北壮，杨学君，何绍清，2017）有关规程执行。

灵芝子实体的感官特点：赤褐色，表面有油状光泽，具菌香味，因品种不同有甘苦味，或无苦味，无虫体。

灵芝子实体的理化指标：含水量≤10%，灵芝多糖≥0.5%，灵芝三萜≥1.0%。农药残留量和重金属含量符合《人工智能气候栽培灵芝植物工厂》（Q/GDSZH 001—2017，张北壮、杨学君、何绍清，2017）有关规程执行（表5-9）。

表5-9　灵芝子实体产品感官特色

指　　标	灵芝子实体感官标准
色　　泽	赤褐色，表面有油状光泽
滋味及气味	具菌香味，有的品种微苦味
性　　状	无虫体、无霉变

表5-10　灵芝子实体产品理化指标

指　　标	检测方法	灵芝子实体理化指标
灵芝三萜（以熊果酸计，g/100g）	Q/GDSZH 002—2017	≥1.0
灵芝粗多糖（以葡萄糖计 g/100g）	Q/GDSZH 002—2017	≥0.5
水分（g/100g）	GB5 5009.3	≤10
灰分（g/100g）	GB 5009.4	≤3
过氧化值（mg/g）	—	—
镉（mg/kg）	GB 5009.15	≤0.2
汞（mg/kg）	GB 5009.17	≤0.2
砷（mg/kg）	GB 5009.11	≤0.5
铅（mg/kg）	GB 5009.12	≤0.5
六六六（mg/kg）	GB/T 5009.19	≤0.05
滴滴涕（mg/kg）	GB/T 5009.19	≤0.05

（3）采收孢子粉和子实体后的菌包处理。

采收孢子粉和子实体后，菌包一般不做第二次出芝培养，立即从培养室清出，并且运到离培养室50 m以外的地方暂时堆放，或直接运往场地外，以免杂菌污染生产场地。

6. 灵芝孢子粉破壁和加工

灵芝孢子外壳是双层的几丁质孢壁，非常坚硬。坚硬的外壳紧紧包围着孢子内部的三萜及多糖类等有效成分。不破壁的孢子其药效成分难以被吸收，因此，只有破壁的孢子粉其药效成分才易于人体吸收。由于灵芝孢子体积非常细小，不能用普通的粉碎机进行破壁，而是要采用特殊的方法才能打破孢壁。目前，国内对灵芝孢子的破壁方法有如下四种类型。

（1）生物法。

生物法分别有酶解法：使用纤维素酶、半纤维素酶、蛋白酶、果胶酶、溶菌酶、蜗牛酶、几丁质酶等使灵芝孢子壁降解，达到破壁的目的；菌溶法：使用酵母菌等进行灵芝孢子的发酵处理，破坏灵芝孢子壁。这些方法的优点是能量消耗小、破碎效果好。缺点是作用时间很长，去除产品中残留的酶类或酵母菌非常困难。

（2）化学法。

化学法包括溶剂浸泡、酸降解、碱降解等方法，其处理方法类似于酶解法，只是浸泡使用的溶剂不同，这种方法的优点与生物法类似，缺点是往往导致有效成分变性，产品中的有害物质残留较高，且难以去除。

（3）物理法。

物理法是采用低温冷冻（使孢子壁脆化）、超声波、微波等物理作用破坏灵芝孢子壁，低温冷冻的基本原理是利用灵芝孢子中的水分在低温条件下结晶、冰晶长大等作用破坏灵芝孢子壁。超声波法是利用超声的机械振荡作用破坏灵芝孢子壁，微波法则是利用高频电磁波的作用破坏灵芝孢子壁。

（4）机械法。

机械法是通过碾压、挤压、喷射粉碎、气流粉碎、撞击粉碎等机械作用破坏灵芝孢子壁。使用的设备有碾压机、挤压机、超微粉碎机。目前大多采用这类方法进行灵芝孢子破壁处理，其优点是简单易行，缺点是机械设备结构复杂，价格昂贵，运行成本高。

中大仙谷堂灵芝产业科技园人工智能气候室栽培的灵芝孢子粉采用低温（$-25\ ^\circ\text{C} \sim -28\ ^\circ\text{C}$）条件下超声波 + 机械法破壁技术进行破壁处理。灵芝孢子在 $-25\ ^\circ\text{C} \sim -28\ ^\circ\text{C}$ 低温下，孢子坚硬的外壳脆化易裂，破壁率达到 95% 以上，此外，在 $-25\ ^\circ\text{C} \sim -28\ ^\circ\text{C}$ 低温下能保持灵芝孢子的有效成分不被破坏。

破壁后的灵芝孢子粉细腻滑嫩，棕褐色，具菌香味，无苦味，在扫描电镜下，孢子呈碎片状，破壁率要求达到 ≥95%。（图 5 - 35）

经过破壁处理的灵芝孢子粉用沸水冲泡时溶解迅速、均匀，无漂浮物，呈红褐

破壁前的形状

破壁后的形状

图 5 - 35　在电子显微镜下灵芝孢子破壁前后的形状（2000 ～ 10000 倍，张北壮，2009）

色，溶液的表层可见很多微小的油滴。静置 4 小时，溶液中有少量沉淀出现，静置 8 小时后溶液可见明显的沉淀物。这些沉淀物是灵芝孢子粉的细胞壁碎片，此时溶液的颜色呈红茶色（图 5 - 36）。

　　未破壁的灵芝孢子粉用沸水冲泡时溶解速度较慢，有少许漂浮物（尤其储藏时间较久的孢子粉），溶液呈红褐色，表层溶液微小的油滴较少。静置 4 小时，溶液明显出现沉淀，上层液浅色或无色，这些沉淀物是结构完整的灵芝孢子粉。静置 8 小时后上层溶液透无色。

（1 号为破壁的灵芝孢子粉，2 号为未破壁的灵芝孢子粉）

图 5 - 36　破壁与未破壁的灵芝孢子粉沸水冲泡后的比较

◯（六） 人工智能气候室的清洁和消毒处理

人工智能气候室栽培灵芝不受季节性气候的影响，一年可以栽培四茬，因此每一茬灵芝栽培结束后，必须严格做好灵芝栽培室的清洁卫生和消毒处理工作。

1. 清除菌包

灵芝采收完孢子粉和子实体后，菌包一般不做第二次出芝培养，应立即从培养室清出，并将培养室的杂物打扫干净。废菌包运到离培养室 50 米以外的地方暂时堆放，或直接运往场地外，以免杂菌污染生产场地。

2. 清洗通风管道

人工智能气候室栽培灵芝时通风管道上不可避免地黏附一些孢子粉，如果不清洗干净可能影响下一茬灵芝孢子粉的品质，因此每一茬灵芝栽培结束时，将进风和排风管道拆卸，用清水冲洗干净，并在阳光下暴晒干燥后备用。

3. 清洗培养室和培养架

用高压水枪清洗培养室和培养架，尤其对培养室和培养架边角缝隙的残留物要重点冲洗干净，然后重新安装通风管道，并启动通风系统，使培养室和培养架干燥。

4. 消毒处理

培养室干燥后，关闭通风系统，先用 0.2% 新洁尔灭（苯扎溴铵）消毒液均匀喷洒培养室和培养架，24 小时后往培养室内通入 60 ℃蒸气 1 小时，关闭门窗。再过 48 小时后，用高压水枪将培养室和培养架清洗一遍，再用臭氧处理 40～60 分钟，封闭 12 小时，然后启动通风系统，使培养室和培养架干燥，然后关闭门窗，贴上封条，备用。

◯（七） 人工智能气候室栽培灵芝的优点

1. 减少劳力，成本降低，效益提高

人工智能气候室栽培灵芝采用全程电脑监控，减少劳力，成本降低，效益提高。在同一间培养室，一年可产四茬灵芝（常规栽培为一年一茬）。人工智能气候室栽培灵芝，单位面积的产值比传统栽培高40倍（图5-37）。

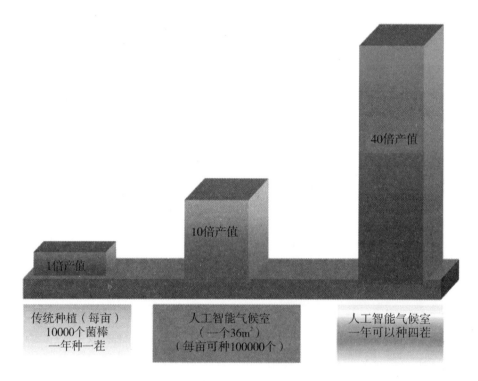

图5-37　灵芝传统种植与人工智能气候室种植的经济效益比较

2. 灵芝子实体和孢子粉中没有农药和重金属残留

传统人工栽培的灵芝由于栽培环境粗放，有的甚至直接种在土壤中，这就不可避免地受到土壤重金属污染和病虫害侵染，在栽培过程需要经常喷洒农药杀虫，因此，造成灵芝子实体和孢子粉中农药残留和重金属超标。人工智能气候室栽培的灵芝在人工智能气候室内的整个生长过程不受外界环境及气候的影响，不接触土壤，无虫害，不必喷洒农药，灵芝子实体和孢子粉中没有农药和重金属残留（表5－11），产品质量好、食用安全、符合国家卫生标准。

表5－11　人工智能气候室栽培的灵芝孢子粉农药和重金属残留检测结果

类型	检测项目	国标限量	检测结果
农药残留	敌百虫	暂无国标限量	未检出
	多菌灵	暂无国标限量	未检出
重金属残留	汞	0.1mg/kg	未检出
	镉	0.5mg/kg	未检出
	砷	0.5mg/kg	未检出

3. 灵芝孢子粉没有酸味

目前市面上销售的灵芝孢子粉大多数都有一股酸味，这是由于孢子粉发酵酸败造成的。传统方法栽培的灵芝，通常在春末夏初雨多、潮湿的季节采收孢子粉。刚采收的孢子粉含水量较高，如果没有及时干燥，放置1～2天后便发生发酵酸败现象。人工智能气候室栽培的灵芝，孢子粉采收后立即放置真空干燥箱中，在温度40～45 ℃、大气压－0.08～－0.09MPa的真空条件下干燥处理18～20小时，直到孢子粉含水量达到≤6%标准要求。由于孢子粉在短时间内达到安全含水量标准，所以孢子粉不会发生发酵酸败现象。

4. 灵芝孢子粉没有油垢异味

传统方法栽培的灵芝，孢子粉采收后，如果量少且天气晴朗，便将灵芝孢子粉放置阳光下晒干。如果产量大或遇阴雨天气，通常用电热鼓风干燥箱在50～60 ℃下烘干。由于灵芝孢子粉含10%～20%油脂，在50～60 ℃下电热烘干会发生泌油现象，在储存期间孢子粉很快便发生油脂氧化作用，产生油垢异味（北方俗称"哈喇味"）。人工智能气候室栽培的灵芝孢子粉采收后是在真空干燥箱中，在

40 ～ 45 ℃、大气压 −0.08 ～ −0.09MPa 的真空条件下干燥处理，不会发生泌油现象，可以在储藏较长时间内不发生油脂氧化作用，不会产生油垢异味。

5. 灵芝孢子粉中的药效成分含量比传统栽培的高

灵芝孢子中的三萜类化合物和多糖是灵芝的主要药效成分，三萜类化合物是在灵芝子实体发育过程中形成的，其含量随子实体成熟度的提加而递增。在灵芝子实体形成过程中，温度、湿度和氧气等环境条件能影响三萜类化合物的形成。人工智能气候室栽培的灵芝是在恒定的、最适宜的环境条件下生长发育，因此，灵芝孢子含三萜类化合物和多糖比传统方法栽培的高。对人工智能气候室栽培的 10 个批次的灵芝孢子粉检测结果表明，三萜类化合物含量为 4.5% ～ 6.9%，多糖含量为 10.0% ～ 16.8%。而对传统方法栽培的 10 个品牌的灵芝孢子粉的检测，发现三萜类化合物和多糖的含量普遍较低，一般三萜类化合物含量为 0.5% ～ 3.0%，多糖含量为 1.0% ～ 3.5%（表 5 −12）。

表 5 −12　不同栽培方法的灵芝孢子粉三萜化合物和多糖含量比较

药效成分	人工智能气候室栽培	传统方法栽培
灵芝多糖（%）	10.0 ～ 16.8	1.0 ～ 3.5
三萜类化合物（%）	4.5 ～ 6.9	0.5 ～ 3.0

图 5 −38　传统栽培方法将灵芝菌包埋在土里（左图）或成排堆放培养（右图）

（八）富硒灵芝研究初探

1. 目的和意义

经研究发现，人体血硒水平的高低与癌症的发生息息相关，一个地区的食物和土壤中硒含量的高低与该地区癌症的发病率有直接关系。食物和土壤中的硒含量高的地区，人群中癌症的发病率和死亡率低，反之，这个地区的癌症发病率和死亡率高，研究结果说明，硒与癌症的发生有着密切关系。据文献报道，硒的主要功能是清除体内自由基，排除体内毒素、抗氧化作用，它能有效地抑制过氧化脂质的产生，防止血凝，清除胆固醇，增强人体免疫功能。硒是构成谷胱甘肽过氧化物酶的活性成分，它能防止胰岛 β 细胞被氧化破坏，使其功能正常，促进糖分代谢、降低血糖和尿糖，改善糖尿病患者的症状。硒可保护视网膜，增强玻璃体的光洁度，提高视力，有防止白内障的作用。硒是维持心脏正常功能的重要元素，对心脏肌体有保护和修复的作用。人体血硒水平的降低，会导致体内清除自由基的功能减退，造成有害物质沉积增多，血压升高、血管壁变厚、血管弹性降低、血流速度变慢，送氧功能下降，从而诱发心脑血管疾病的发病率升高。大量临床试验证明，人体科学补硒对预防心脑血管疾病、高血压、动脉硬化等都有较好的作用。临床试验还证明，缺硒是克山病、大骨节病，这两种地方性疾病的主要病因。补硒能防止骨髓端病变，促进修复，在蛋白质合成中促进二硫键对抗重金属元素，起到解毒的作用，因此，硒对克山病、大骨节病和关节炎患者有很好的预防和治疗作用。此外，硒与金属元素的结合力很强，能抵抗镉对肾、生殖腺和中枢神经的毒害。硒与体内的汞、锡、铊、铅等重金属结合，形成金属硒蛋白复合而解毒、排毒。综合以上所述，硒是人体必需的重要微量元素，它对人体的重要生理功能越来越为各国科学家所重视。许多国家根据本国自身的情况，制定硒营养的推荐摄入量。美国推荐成年人男性硒的日摄入量为 70 μg，女性为 55 μg；英国推荐成年人男性硒的日摄入量为 75 μg，女性为 60 μg；日本推荐成年人硒的日摄入量为 88 μg。中国营养学会对我国不同人群的硒推荐用量是，预防营养缺乏病人群的日摄入量为 50 μg，亚健康保健人群的日摄入量为 100 μg，预防癌症等重大慢性疾病人群的日摄入量为

200 μg，疾病治疗期间的日摄入量大于 200 μg。然而，我国大多数地区属于"贫硒"地区，根据中国营养学会对我国 13 个省市的调查，成年人日平均硒摄入量为 26 ～ 32 μg，离推荐用量的最低限度 50 μg 相距甚远。由于一般植物性食品含硒量比较低，因此，研究、开发富硒灵芝，对预防疾病提高人们的健康水平具有极其重要的意义。

在最近几年来，笔者等探讨了富硒灵芝研究，在灵芝的培养基中添加无机硒元素，经过灵芝在生长发育过程的吸收和转换，将不易被人体吸收、不适合人和动物使用的外源无机硒，通过生物转化与氨基酸结合转化成灵芝子实体和孢子粉中的有机硒，达到富硒灵芝的目的。

2. 方法和目标

富硒灵芝研究工作在人工智能气候室中进行，栽培的全过程采用全热交换节能控制系统、恒温系统、新风系统、PM 2.5 过滤系统、智能光照系统和超声波加湿技术等智能化的工业控制手段，人工模拟自然生长环境，根据灵芝生长发育的习性，在灵芝的各个生长发育过程给予所需的光质和光照强度、温湿度、氧气、二氧化碳等条件，为灵芝生长发育提供最适宜的环境条件，试验工作不受外界环境及气候的影响。进入人工气候室用于栽培的水经过磁化处理，输入培养室的空气采用 PM 2.5 过滤系统，确保灵芝在洁净无污染的条件下生长。这些先进的生长环境条件控制技术为本项目的实施提供可靠的保证。

用于配制培养基的硒源为硒矿粉，含硒量为 50mg/kg，配制培养基时，将木糠、麸皮、玉米粉等原料按比例倒入自动装袋机中，并按表 5 -13 试验组合要求加入硒源。

表 5 -13　供试组合及菌包加入硒源的重量

编号	供试菌包数量（个）	每个菌包重量（克）	加入硒矿粉重量（克/每个菌包）
1	1000	900	40
2	1000	900	60
3	1000	900	80
4	1000（对照）	900	0

培养基的含水量控制在 60% ～ 65%，pH 5.5 ～ 6，搅拌均匀后装袋。将已装袋的培养基封好袋口，然后置于温度为 100 ℃的灭菌室中 16 ～ 18 小时。灭菌后的培养基冷却至 25 ～ 28 ℃时接入灵芝菌种，在 20 ～ 25 ℃的人工智能气候室中暗培养

菌丝 30 ~ 40 天。当菌丝体长满菌包时，再将菌包移入控制光质和光照强度、温湿度、氧气、二氧化碳等条件的人工智能气候室进行出芝培养。出芝培养时，培养室的温度为 25 ~ 28 ℃，菌包出现子实体原基时湿度控制 85% ~ 90% 范围，子实体达到直径 3 cm 时的湿度为 90% ~ 95%。子实体生长开始喷射孢子，湿度要逐渐下降至 60% ~ 70%。出芝期间要求的光照强度为 600 ~ 1000 勒克斯。灵芝孢子喷粉时间为 28 ~ 30 天，完成喷粉后立即采收，并把收集到的孢子粉用中山大学 ZL201310341642.3 专利技术（张北壮，2013）进行低温洗涤、真空干燥净化提纯处理，经过净化、干燥处理的孢子粉净度达到 100%，含水量 ≤6% 为标准。最后按国家检测标准 GB5009.93—2010 方法，采用原子荧光光谱法测定各试验组合孢子粉的硒含量。

3. 结果和讨论

表 5 - 14 的试验结果说明，编号 1 的试验组合中在制作灵芝培养基时加入 40 g 硒矿粉的菌包，平均每个菌包产出 9.85 g 的灵芝孢子粉，经检测硒含量 3.20mg/kg，与试验组合 4（对照）比较，含硒量增加相对倍数为 24.6 倍。编号 2 的试验组合中在制作灵芝培养基时加入 60 g 硒矿粉的菌包，平均每个菌包产出 10.56 g 的灵芝孢子粉，经检测硒含量 4.40 mg/kg，与试验组合 4（对照）比较，含硒量增加相对倍数为 33.8 倍。编号 3 的试验组合中在制作灵芝培养基时加入 80 克硒矿粉的菌包，平均每个菌包产出 9.83 g 的灵芝孢子粉，经检测硒含量 6.80mg/kg，与试验组合 4（对照）比较，含硒量增加相对倍数为 52.3 倍。

表 5 - 14　灵芝富硒栽培试验孢子粉硒含量检测结果

编号	孢子粉总干重量（克/千个菌包）	净度（%）	含水量（%）	硒含量（mg/kg）	含硒量增加相对倍数
1	9850	100	8.45	3.20	24.6
2	10560	100	8.40	4.40	33.8
3	9830	100	8.38	6.80	52.3
4	9565（对照）	100	8.56	0.13	1

上述试验结果表明，灵芝孢子粉中的含硒量随菌包中硒矿粉的加入量增加而提高。这一试验结果与 2013 年在大棚中常温条件下进行的富硒试验结果相吻合。2013 年在大棚中常温条件下进行富硒试验中加入 50 g 硒矿粉的菌包，所产出的灵芝孢子粉含硒量为 3.80 mg/kg，加入 100 g 硒矿粉的菌包，所产出的灵芝孢子粉含

硒量为 7.70 mg/kg。以菌包加入硒矿粉的重量（g/每个菌包）为横坐标，灵芝孢子粉中的含硒量（mg/kg）为纵坐标绘制的立方图说明，两者之间存在密切的正相关（见图 5 - 39）。

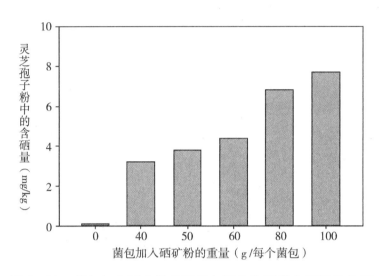

图 5 - 39　菌包加入硒矿粉的重量与灵芝孢子粉含硒量的关系

上述研究结果说明，灵芝在生长发育过程中具有很强的富集硒元素的生物学特性，在人工栽培过程中，培养基中的硒元素含量越高，灵芝吸收硒的量越大。在制作用于生产富硒灵芝的培养基时，每个菌包加入了 40 ～ 100 g 硒矿粉，实际上加进菌包中的硒只有 2 ～ 5 mg，所产出的灵芝孢子粉含硒量平均可达 7.0 mg/kg（即每克孢子粉含 7 μg 硒）。如果每个菌包加入的硒达到 15 ～ 20 mg，估计其所产出的灵芝孢子粉含硒量可达 20 mg/kg 以上（即每克孢子粉含 20 μg 硒）。中国营养学会对我国不同人群的硒推荐用量是，预防营养缺乏病的保健人群的日摄入量为 50 μg，亚健康保健人群的日摄入量为 100 μg，预防癌症等重大慢性疾病人群的日摄入量为 200 μg，治疗期间的日摄入量大于 200 μg。根据我国 13 个省市的调查资料报道，目前成人日平均硒摄入量只有 30 μg 左右。据此可推算出，预防营养缺乏病的保健人群，每天食用 1 ～ 2 g、亚健康人群每天食用 4 ～ 5 g 这种富硒灵芝孢子粉便可达到保健作用。预防癌症等重大慢性疾病人群，每天要食用 8 ～ 10 g 富硒灵芝孢子粉，便可达到中国营养学会推荐的硒日摄入量水平。

本研究取得初步的结果显示，灵芝在人工栽培过程在培养基中添加外源无机硒能被灵芝所吸收，通过生物转化与氨基酸结合生成有机硒，并以硒蛋氨酸的形式存在于灵芝孢子中被人体吸收和利用。

　　本研究项目添加到灵芝培养基中的外源硒是一种硒矿粉，虽然其无机硒的含量较高，但它作为矿物材料不可避免也含其他无机矿质元素，包括一些重金属元素，因此，以硒矿粉作为培养基的硒源添加物还不是最好的选择。下一步试验将探索以富硒酵母和亚硒酸钠、硒酸钠和硒化卡拉胶等材料为硒源开展深入的研究，生产出高富硒量、食用安全的优质灵芝孢子粉，为广大消费者的健康事业做出贡献。（张北壮等，2017）

（张嘉莉，2019）

六

灵芝的药效成分

本书对灵芝药效成分的介绍是以灵芝类的代表种灵芝，又称赤芝（*Ganoderma lucidum*）为主进行表述。目前，研究较多的灵芝化学成分有多糖类化合物、三萜类化合物、甾醇类化合物、生物碱类化合物、呋喃衍生物、氨基多肽类、无机元素和脂肪酸等物质。

（一）　灵芝多糖类

多糖类包括多糖和多糖蛋白是指 10 个分子以上的单糖缩合而成的化合物。灵芝多糖和多糖蛋白主要由 D－葡萄糖为主的杂多糖构成。国外学者 Miyazaki 等（1981）从赤芝中分离的灵芝多糖 GL-1，是以葡萄糖为主的杂多糖，主链为吡喃葡萄糖基，侧链为葡萄糖、木糖和阿拉伯糖基组成。Hikino 等（1985）从赤芝中分离鉴定 2 个活性多糖 ganoderan（灵芝多糖）A 和 B。化学研究证明，ganoderan A 是由鼠李糖、半乳糖、葡萄糖组成的杂多糖，ganoderan B 为含半乳糖醛酸、葡萄糖醛酸的酸性杂多糖。Masashi 等（1986）从京都府赤芝子实体中分离得到 2 个具有活性的多糖，分别为 ganoderan B 和 C，经鉴定 ganoderan B 为葡聚糖肽，ganoderan C 也为肽多糖。国内学者何云庆等（1989）从灵芝中分离得到多糖 BN_3C_1、BN_3C_2、BN_3C_3、BN_3C_4。经分析证实 BN_3C_1 为 β－葡聚糖，BN_3C_3 为葡萄糖和阿拉伯糖组成的肽多糖。李荣芷等（1991）从赤芝总多糖中进一步分离鉴定了 18 个灵芝多糖均一体，其中 7 个肽多糖，4 个葡聚糖，其余为杂多糖。初步证明，肽多糖及含有 β－糖苷键的多糖均一体表现活性较强。何云庆（1994）从灵芝子实体分离得到 2 种葡聚糖肽 GLSPz 和 GLSP3，实验证明两种肽多糖为单一的多糖均一体。罗立新等（1998）从灵芝子实体和菌丝体中分离和纯化得到两种多糖，子实体多糖含葡萄糖、半乳糖、甘露糖、木糖、阿拉伯糖、鼠李糖；菌丝体多糖含葡萄糖、半乳糖、甘露糖、木糖、岩藻糖、鼠李糖。同时用现代分析手段研究这两种结构，确定两种多糖都是以糖苷键为主链的杂多糖。赵长家等（2002）从赤芝固体发酵菌丝体中提取分离得到 $GLMB_0$ 和 $GLMB_1$ 为多糖均一体。$GLMB_0$ 为糖苷键连接的杂多糖肽，并有少量 β－糖苷键与半乳糖连接，$GLMB_1$ 为苷键连接的杂多糖。林树钱等（2003）从草栽和段木灵芝中提取出多糖肽，草栽灵芝中提取出的多糖肽由鼠李糖、木糖、岩藻糖、半乳糖、葡萄糖组成；段木灵芝中提取出的多糖肽由鼠李糖、木糖、岩藻糖、甘露糖、葡萄糖所组成。两种多糖肽均由 β – 糖苷键为主，还有少量由 α – 糖苷键组成。

上述列举的灵芝多糖类研究成果仅为大量的研究工作中的一部分，大量的科学研究证明，灵芝多糖类具有免疫调节、抗肿瘤、抑制血管新生、促进胰岛素释放、降血糖、抗氧化清除自由基及抗衰老等作用。随着对多糖类化合物研究的深入，将进一步阐明多糖类的药效与结构的关系。

（二） 灵芝三萜类

三萜类化合物是灵芝的主要化学成分之一，它是在菌丝体转化为子实体后逐渐形成的重要的药效成分。据文献报道，灵芝菌丝体由一次菌丝、二次菌丝到三次菌丝后，由营养生长转变为生殖生殖，其结果是形成子实体。在菌丝体生长期间只能累积三萜类化合物的前体，只有形成子实体后，在子实体的成熟过程中才成为具有生理活性的三萜类成分。由此可见，灵芝三萜类化合物实际上是灵芝一、二级菌丝体的代谢产物，所以，凡是灵芝菌丝体发酵制成的产品，由于没有经过子实体后期成熟过程，三萜类化合物含量几乎没有或非常微量。即使是未成熟子实体，三萜类化合物含量也不多，只有成熟适龄的子实体，三萜类化合物含量才较多。

国内外的科学工作者对灵芝的三萜类化合物进行了大量的研究，其中研究最多的是赤芝（*G. lucidium*）的三萜化合物，目前已报道从中分离到 200 多个化学成分。如灵芝酸，它是一种三萜类物质，已从赤芝（*G. lucidium*）中分离到 100 多种，其中活性最高的有灵芝酸 A、B、C、D、E、F、G、I、L、ma、md、mg 等。已知灵芝酸 A 有苦味，而灵芝酸 D 和灵芝酸 B 则没有苦味。在日本，人们非常看重灵芝商品的灵芝酸含量，特别是灵芝酸 A、B、C、D 的含量。灵芝酸大多为四环三萜，是高度氧化的羊毛甾烷。临床证明，灵芝酸能抑制细胞组织胺的释放，能增强消化系统各种器官的机能，还具有降血脂、降血压、护肝、调节肝功能等作用，是一种具有止痛、镇静、抗癌、解毒等多重效能的天然有机化合物。灵芝酸之所以能够降血脂、降血压，是因为灵芝酸能阻断羊毛甾醇或二氧羊毛甾醇合成胆固醇的能力，进而减缓动脉粥样硬化、减缓血压增高的过程。由于灵芝酸具有显著的药用效果，因此，灵芝酸的含量便成为灵芝及其制品的重要指标之一。

◯（三）　灵芝其他化学成分

灵芝除了含有多糖和三萜类化学成分以外，还含有核苷类、甾醇类、生物碱类、多肽和氨基酸类等化学成分。

1．核苷类化合物

核苷类是具有广泛生理活性的一类水溶性成分，在灵芝菌丝体中的核苷类化合物有五种，它们是尿嘧啶、尿嘧啶核苷、腺嘌呤、腺嘌呤核苷和灵芝嘌呤。经动物实验证明，灵芝中的尿嘧啶和尿嘧啶核苷对实验性肌强直症小鼠血清醛缩酶有降低作用。此外，腺嘌呤核苷有很强的抑制血小板凝集的作用和镇静、抗缺氧及促进心肌组织摄取[86]RB（同位素[86]铷）的作用。

2．甾醇类化合物

灵芝中的甾醇含量较高，仅麦角甾醇含量就达 3‰ 左右。已知从灵芝中分离到的甾醇有近 20 种，其骨架分为麦角甾醇类和胆甾醇类两种类型。从发酵的薄盖灵芝菌丝体、赤芝子实体和赤芝孢子粉中分离得到近 20 种甾醇类化合物。虽然对灵芝甾醇类化合物的生理的活性研究尚少，但有文献报道灵芝胆甾醇类化合物具有神经保护作用。

3．生物碱类化合物

灵芝中的生物碱含量较低，仅从发酵的薄盖灵芝菌丝体和赤芝的孢子粉中分离得到过生物碱，包括胆碱、甜菜碱、灵芝碱甲、灵芝碱乙和菸酸。灵芝中的生物碱虽然含量较低，但有些具有一定的生物活性，如三甲氨基丁酸在窒息性缺氧模型中有提高存活时间的作用，以及能使离体豚鼠心脏冠脉流量增加。又如甜菜碱在临床上将其与 N - 脒基氨基酸共用可以治疗肌无力症。

4．多肽和氨基酸类化合物

灵芝含有的氨基酸有天门冬氨酸、谷氨酸、精氨酸、赖氨酸、鸟氨酸、脯氨酸、丙氨酸、甘氨酸、丝氨酸、苏氨酸、酪氨酸、亮氨酸、苯丙氨酸、异亮氨酸、羟脯氨酸、组氨酸、蛋氨酸等。不同种的灵芝，其氨基酸含量不同，但所含氨基酸种类大概相似。据文献报道，天门冬氨酸、谷氨酸、精氨酸、酪氨酸、亮氨酸、丙氨酸、赖氨酸等能提高实验小鼠窒息性缺氧存活时间。还有文献报道，从灵芝中还分离到的中性多肽、酸性多肽、碱性多肽，其中一种中性多肽可以提高小鼠窒息性缺氧存活时间。

此外还有文献报道，灵芝中含有多种微量元素，如 Mn（锰）、Mg（镁）、Ca（钙）、Cu 铜、Ce（铈）、Se（硒）、Ba（钡）、Zn（锌）、Fe（铁）、P（磷）、B（硼）、Cr（铬）、Ni（镍）、V（钒）、Ti（钛）、Ge（锗）等无机元素和大量的脂肪酸类、长链烷烃等其他化合物，如苯甲酸、2，5－二羟基苯甲酸、硬脂酸、棕榈酸、十九烷酸、二十二烷酸、二十四烷酸、2－羟基－二十六烷酸、二十四烷、三十一烷以及甘露糖和海藻糖、烟酸等化学成分。目前，虽然对这些化学成分的生理活性研究报道不多，但是，随着科学技术的进步必将会不断揭示它的秘密。

（张嘉莉，2019）

七

灵芝的药理作用

（一）　抗肿瘤作用

灵芝的抗肿瘤作用是国内外令人瞩目的研究课题，目前主要是研究灵芝及其有效成分对动物移植性肿瘤的抑制作用，并在体外培养的肿瘤细胞上观察其作用和机制；探讨灵芝的有效成分在体内的抗肿瘤作用、在体外对肿瘤细胞的作用以及灵芝的抗肿瘤作用机制。

1.　体内抗肿瘤作用

40 多年来，国内外学者开展了大量的灵芝抗肿瘤的研究工作，大量的研究结果指出，灵芝水提取物和灵芝制品、制剂体内给药对动物移植性肿瘤有显著的抑制作用。

据文献报道，国外学者从灵芝子实体中分离出的多糖成对小鼠肉瘤 S-180 有抑制作用，抑制率为 54.7%（Sasaki，1971）。从灵芝（Gamderma boninense）菌丝体的热水提取物中分离出一种含 63% 葡萄糖、12% 半乳糖、13% 甘露糖和 12% 木糖的多糖，可抑制小鼠肉瘤 S-180（Ohtsuka 等，1976）。Hitoshi 等（1977）报告，腹腔注射从灵芝中提取的多糖对小鼠 S-180 的抑制率达 83.9%，半数动物肿瘤完全消退，报告指出灵芝的抗肿瘤活性成分为含少量蛋白质的多糖。Kim 等（1980）报告，从朝鲜产的灵芝子实体经 0.1 N NaOH 提取得到一种含 4 种单糖和 18 种氨基酸的蛋白多糖，其剂量为每日 50mg/kg 时，对小鼠 S-180 的抑制率为 87.6%，1/3 小鼠的肿瘤完全消退。Miyazaki 等（1981）从灵芝子实体中分离出一种含葡萄糖、木糖、阿拉伯糖的水溶性多糖，腹腔注射实验小鼠，对小鼠 S-180 有显著抑制作用。李旭生等（1984）的研究证明，灵芝菌丝体提取物（GLP）对实验小鼠的肌纤维恶性肿瘤有明显的抑制作用，而且对肺部转移病灶亦有抑制作用。体外试验时，GLP 对 P3 HR-1 细胞与脑膜瘤细胞亦有抑制作用。Furusawa 等（1992）观察灵芝子实体热水提取物对 C57BL/6 小鼠腹腔接种的 Lewis 肺肉瘤的影响。结果显示，隔日腹腔注射此提取物 10mg、20mg、40mg 共 4 次，可使小鼠的存活时间分别延长 95%、72%、55%。灵芝子实体热水提取物 10mg 隔日腹腔注射 5 次还可明显增强细胞毒类抗肿瘤药多柔比星（adriamycin）、顺铂（cisplatin）、氟尿嘧啶（fluorouracil)、硫鸟嘌呤（thioguanine）、氨甲蝶呤（methotrexate）和免疫调节药伊美克（imexon）对小鼠 Lewis 肺肉瘤的抑制作用，使小鼠的存活时间较单用上述药物时明显延长。我国的学者发现，在给小鼠腹腔接种 S-180 细胞前预防给药或接种后治疗给药，灵芝多糖肽 50mg/kg、100mg/kg 和 200mg/kg 连续灌胃 7～9 日，可显著延长小鼠的存活时间。同样剂量的灵芝多糖肽还可抑制小鼠皮下接种的S-180生长，抑制率分别为 21.7%、38.5% 和 5.5%。此外，实验小鼠皮下接种肉瘤 S-180后，灌胃灵芝提取物（GLE）5、10、20g（生药）/kg，共 10 日，可显著抑制 S-180 生长，其抑瘤率分别为 22.77%、41.58% 和 60.89%。同样灌胃灵芝多糖 B（GL-B）50、100、200mg/kg，共 10 日，也可抑制 S-180 生长，抑瘤率分别为 27.70%、55.83% 和 66.70%，（张群豪等，2000）。GL-B 与抗肿瘤药环磷酰胺（CY）并用还能显著增强后者的抗肿瘤作用。灵芝菌丝体多糖 50、100mg/kg 灌胃亦可显著抑制实验小鼠皮下移植的 S-180 肉瘤生长，其抑瘤率分别为 52.86%、78.10%、37.78% 和 61.79%（胡映辉和林志彬，1999）。Nonaka 等（2006）报告，给接种 S-180 的实验小鼠灌服鹿角状灵芝粉 0.055 g/kg、0.5g/kg，或给接种MM46 乳腺肉瘤 C3 HlH 小鼠饲喂含 2.5% 鹿角状灵芝粉的饲料，可显著抑制肿瘤的生长，并延长生存期。同时，还发现鹿角状灵芝粉可明显减少小鼠脾脏的CD8＋细胞，并防止接种 MM46 乳腺肉瘤 C3 HlH 小鼠局部淋巴结中 IFNγ 产生减少。

以上研究结果证明，灵芝水提取物及其所含多糖在实验小鼠体内具有抗肿瘤作用，其抗肿瘤作用可能与其免疫增强作用有关。

2. 灵芝的抗肿瘤的作用机制

（1）内源性免疫学机制参与灵芝的抗肿瘤作用。

由于灵芝水提取物及其有效成分灵芝多糖类在体内具有抗肿瘤作用，而又未发现其具有细胞毒作用，因此多数研究者推测，灵芝的抗肿瘤作用是通过其免疫增强作用，提高机体抗肿瘤免疫力而实现的。为了探明这一问题，张群豪等（2000）采用血清药理学方法与细胞分子生物学技术相结合的方式，研究了灵芝的抗肿瘤作用及其机制。给小鼠灌胃 GLE（生药）5 g/kg、10 g/kg、20 g/kg，共 10 日，最后一次给药后 1 小时，取血，无菌分离血清，经 56 ℃、30 分钟灭活处理后，用微孔滤膜过滤除菌，置 -20 ℃保存备用。将此含药血清加至体外培养的 S-180 细胞培养基中，则可明显抑制 S-180 细胞生长，并可诱导 S-180 细胞凋亡。同样给小鼠灌胃不同剂量的 GL-B 后，取出小鼠血清（含 GL-B 血清），观察此血清在体外对人白血病细胞（HI-60）生长的影响，结果可见，含 GL-B 血清亦可显著抑制 HL-60 细胞增殖，并明显地促进 HL-60 细胞凋亡。结果说明，小鼠灌服 GLE 或 GL-B 后，血清中可能出现了一种有抗肿瘤活性的物质。为了在体外模拟血清药理学的实验结果，又分别在小鼠腹腔巨噬细胞或脾细胞培养液中加入浓度为 50、100、200μg/mL 的 GL-B 共同培养 24 小时，然后分别取 GL-B 与巨噬细胞共培养上清液或 GL-B 与脾细胞共培养上清液，加至 HL-60 细胞培养基中，结果这两种共培养上清液可显著抑制 HL-60 细胞增殖和促进 HL-60 细胞凋亡。同样，浓度为 12.5、50、200μg/mL 的灵芝菌丝体多糖与小鼠腹腔巨噬细胞共培养 24 小时，共培养上清液可显著抑制 HL-60 细胞增殖，并促其凋亡。这一结果显示，在 GL-B 作用下，共培养上清液中出现一些能抑制 HL-60 细胞增殖并促其凋亡的活性物质。

张群豪和林志彬（1999）在分子水平深入观察 GL-B 对肿瘤坏死因子 α（TNFα）mRNA 和干扰素 γ（IFNγ）mRNA 的表达，结果发现，在小鼠巨噬细胞或脾细胞培养基中加入不同浓度的 GL-B，培养 1～2 日后，GL-B 可显著促进小鼠腹腔巨噬细胞 TNFα mRNA 表达和脾细胞 IFN7 mRNA 表达。同样，给小鼠灌胃 GLE（生药）5 g/kg、10 g/kg、20 g/kg，共 10 日，亦可显著增加小鼠腹腔巨噬细胞 TNFα mRNA 表达和脾细胞 IFNγ mRNA 表达。Wang 等（1997）的实验也证明，在健康人外周血单核－巨噬细胞或 T 淋巴细胞培养中加入灵芝子实体多糖 PS-G，可明显促进巨噬细胞生成 IL-1β、TNFα 和 IL-6 以及 T 淋巴细胞生成 IFNγ。林志彬等（2002）在小鼠骨髓来源的树突状细胞（dendritic cells，DC）体外培养体系中，加入灵芝多糖 Gl-PS（0.8 mg/mL、3.2 mg/mL 或 12.8 mg/mL）可明显促进 DC 表面 DCllc 及 I-A/I-E 分子的共表达、明显增加 IL-12 40 亚基 mRNA 和蛋白表达、促进 DC 诱导的混合淋巴反应（MLC），此结果表明，灵芝多糖能促进 DC 的成熟、分化和功能。

上述研究证明，灵芝所含多糖（肽）在体内可直接作用于单核巨噬细胞、树突状细胞和细胞毒 T-细胞，促进 TNFα mRNA 和 IFNγ mRNA 表达，增加 TNFα 和 IFNγ 生成，也促进巨噬细胞 IL-1 和 IL-6 等细胞因子生成，增强细胞因子的活性，从而抑制肿瘤细胞增殖，诱导肿瘤细胞凋亡，最终杀死肿瘤细胞。

（2）抑制肿瘤细胞的移动、黏附，促进肿瘤细胞分化。

Wu 等（2006）观察灵芝孢子的不同制剂对人恶性乳腺癌（MT-1）细胞黏附的影响。试验结果说明，不同的灵芝孢子制剂抑制 MT-1 细胞黏附的程度不同，其黏附性破壁灵芝孢子大于未破壁的完整孢子。不同来源的灵芝提取物，由于所含多糖不同，对癌细胞黏附强度也不同。为了解灵芝多糖抑制 MT-1 细胞黏附的机制，作者用溶解在磷酸缓冲液（PBS）的灵芝多糖或牛血清蛋白（BSA）包被 Petri 平板，后者的特性使癌细胞不易黏附其上，但如果癌细胞与多糖结合后，则较易黏附。在培养结束后，移去未黏附的癌细胞和 PBS，用光学显微镜观察并计数黏附的癌细胞数。结果发现，大量癌细胞黏附到灵芝多糖包被的平板上，与 BSA 包被的平板或 PBS 对照平板有显著区别。这一结果说明，灵芝多糖可能通过与癌细胞表面的蛋白质结合而抑制其黏附。已知 integrin 类是所有细胞均表达的主要细胞表面黏附分子，它的基本细胞功能是黏附作用，并通过与细胞外基质相互作用而参与多种重要细胞功能。为此，作者用 Western Blot 与抗 β1-integrin 单克隆抗体方法，检测细胞溶解产物中 β1-integrin 水平。结果发现，经灵芝多糖处理后细胞中的 β1-integrin 水平显著低于未用灵芝处理的细胞，表明黏附分子参与了灵芝抑制癌细胞黏附的作用。由于细胞黏附在肿瘤形成、生长、侵袭和转移中具有重要作用，因此，灵芝抑制癌细胞黏附作用在肿瘤治疗中的意义值得深入研究。

Sliva 等（2003）的研究发现，灵芝子实体或孢子粉能抑制高侵袭性 MDA-MB-231 乳癌细胞和 PC-3 前列腺癌细胞的移动。进一步的研究发现，它们通过抑制活化转录因子 AP-1 和 NF-κB 活性，从而抑制细胞中的信号转导。由于目前认为 AP-1 和 NF-κB 是癌症的潜在治疗靶点，因此灵芝的这一作用值得重视。张红等（1994）观察了灵芝水煎剂对肝癌腹水瘤细胞系 Hca-F25／CLl6A$_3$ 的抗肿瘤作用及对荷瘤鼠血清和瘤组织中谷胱甘肽-S-转移酶（GST）和 γ－谷氨酰转肽酶（γ-GT）的影响。结果显示，给每只小鼠灌胃灵芝水煎剂 0.15mL，可明显抑制 Balb／c 小鼠皮下接种的 Hca-F25／CLA$_3$ 实体瘤生长，抑瘤率为 60.34%。与此同时，灵芝水煎剂显著降低瘤组织及血清中 GST 和 γ-GT 的活性。已知药物及致癌物常可引起动物体内 GST 活性增高，并与耐药性有关，灵芝水煎剂在抑制肿瘤细胞增殖的同时能降低 GST，说明灵芝可能降低肿瘤对抗癌药的耐药性，并因此增强抗癌药的疗效。γ-GT 的增高常与癌变过程的进行呈正相关，即肝细胞癌 >肝细胞结节性增生 >肝细胞小灶性增生 >正常肝组织。灵芝水煎剂显著降低 γ-GT 活性，表明灵芝不仅抑制肿瘤生长，而且抑制肿瘤病变的程度。代表肿瘤病变程度的标志酶 GST 和 γ-GT 在瘤组织及荷瘤动物血清中降低，有可能表明灵芝有促进癌细胞向正常细胞再分化的可能性。

（3）抑制肿瘤血管新生。

血管新生是肿瘤生长繁殖必需的步骤，当肿瘤只有 2 ～ 3 mm 大小时，它可以依靠渗透作用从外界取得养分；一旦超过这个大小，就必须长出新的血管并入侵到机体内的血管，从中吸取养分。如果能抑制这些血管的生长，便能阻断肿瘤细胞的营养供给，使肿瘤停止生长，甚至缩小或消失。内皮细胞增生是肿瘤血管新生的步骤之一，抑制血管内皮细胞增殖，可抑制肿瘤血管新生。

灵芝多糖肽可抑制裸鼠的移植型肿瘤——人肺癌（PG）的生长，但无直接细胞毒作用。将 GLPP（每个鸡胚剂量 80μg）或者服用 50 mg/kg GLPP 小鼠的血清

（每个鸡胚10μL）直接加到培养的鸡胚绒毛尿囊膜上，可显著地抑制鸡胚绒毛尿囊膜的血管增生（Cao and Lin，2004）。进一步的研究证明，1、10和100 mg/L浓度的GLPP无细胞毒性，但可直接抑制人脐静脉内皮细胞（HUVEC）增生。10 mglL和100 mg/L的GLPP还能诱导HUVEC凋亡。与此同时，GLPP能抑制抗凋亡基因Bcl-2表达，促进凋亡基因Bax表达。人肺癌细胞（PG）在缺氧条件下可分泌血管内皮细胞生长因子（VEGF），GLPP抑制缺氧PG细胞培养上清液中VEGF表达。作者认为，GLPP抑制肿瘤血管新生的重要机制，可能是抑制血管内皮细胞生长因子（VEGF）表达，抑制血管内皮细胞增殖，调节凋亡/抗凋亡基因表达，诱导血管内皮细胞凋亡（Cao and Lin，2006）。Kimura等（2002）发现灵芝子实体的三萜成分在浓度为800mg/mL时，可抑制基质胶与血管内皮生长因子引起的血管新生。

Yun等（2004）发现灵芝乙醇提取物（GL）还显著抑制鸡胚尿囊膜血管新生，当每个鸡胚中加入1.25、2.5、5和10mg GL时，血管新生的抑制率分别为47.1%、57.6%、64.7%和67.1%，每个鸡胚加入10mg GL时，其抑制血管新生的活性与对照的维甲酸（每个鸡胚1 mg）相似。张晓春等（2005）应用鸡胚尿囊膜（CAM）血管生成模型观察灵芝多糖对血管生成的作用，及对高转移潜能的人前列腺癌PC23M21E8细胞黏附于基质成分层粘连蛋白的影响。结果灵芝多糖在一定剂量范围内（0.12～5μg/鸡胚）可明显抑制CAM的血管生成及抑制细胞黏附，在0.33～33 g/L剂量范围内，呈现出量效依赖关系。表明灵芝多糖的抗肿瘤作用与其抑制血管生成及细胞黏附有关。

王筱婧等（2006）建立裸鼠移植性人肝肿瘤模型，采用随机区组设计法随机分为空白对照组、阳性对照组及灵芝孢子粉组，观察裸鼠肿瘤生长。结果表明，灵芝孢子粉组及5－氟尿嘧啶阳性对照组裸鼠移植瘤体积的增长速度均明显小于对照组。试验第4周灵芝孢子粉组和对照组裸鼠移植瘤的平均体积分别为0.420cm^{3}和0.896cm^3，抑制率为57.0%。镜下观察显示，灵芝孢子粉组与对照组相比，肿瘤坏死组织较多，细胞异型性较小。灵芝孢子粉组血管内皮生长因子（VEGF）、微血管密度（MVD）表达水平较空白对照组有明显下降。结果指出，灵芝孢子粉对肝肿瘤有明显抑制作用，并能抑制肿瘤新生血管生成，其机制可能与对VEGF表达的抑制有关。

（4）影响肿瘤细胞周期及信号转导。

Zhu等（2000）报道，灵芝孢子的乙醇提取物Ⅰ和Ⅲ显著抑制HeLa细胞（人宫颈癌细胞）的生长。提取物Ⅲ能阻断细胞周期中从G_1到S期的转变，并使细胞内钙水平显著降低。这一结果显示，提取物可能通过影响细胞周期和细胞内钙信号转导而抑制肿瘤细胞生长。Lin 等（2003）报道从灵芝菌丝中制备的富含三萜组分 WEES-G6 在体外可抑制人肉瘤 Huh-7 细胞（人肝癌细胞）的生长。用 WEES-G6 处理细胞可使细胞生长调节蛋白（蛋白激酶 C）的活性降低，并抑制 p38 MAP kinases 的活化，并因此延长细胞周期的 G_2 期，抑制肝肉瘤细胞生长。

Chang 等（2006）发现从鹿角灵芝提取的一种四环三萜灵芝酸 F（GolF）可诱导高度增殖的肿瘤细胞株老化。GolF 使 HepG2、Huh7 和 K562 肿瘤细胞生长停止，对肝肉瘤细胞 Hep3B 和正常纤维母细胞 MRC5 仅具非常弱的作用，但对末梢血单核细胞无作用。除 Hep3B 外，用 GolF 处理体外培养的癌细胞，导致 DNA 合成的迅速抑制，细胞周期停止在 G_1 期。GolF 与 HepG2 细胞短时间作用可使细胞周期停止进行，然而，在与药物作用 24 小时后，从培养液中洗去药物，HepG2 细胞生长仍可恢复。用 30μM GolF 连续处理 HepG2 细胞 18 天之后，可见超过 50% 的细胞变大、变平，老化细胞呈现 β-半乳糖苷酶阳性。GolF 在体外可抑制拓扑异构酶，这可能与其抑制细胞 DNA 合成有关。在 GolF 处理的早期，可见丝裂原活化的蛋白激酶 EKR 活化以及上调周期素（cyclin）依赖的蛋白激酶抑制因子 p16，推测这与引起细胞周期停滞以及触发 HepG2 细胞早老有关。GolF 引起肿瘤细胞生长停滞和老化显示它有潜在的抗肿瘤作用。

Li 等（2005）发现鹿角灵芝的甲醇提取物抑制人肝肉瘤 HuH-7 细胞、结肠肉瘤 HCT-116 细胞、Burkitt 淋巴瘤 Raji 细胞和人急性白血病（HL60）细胞的生长，半数抑制浓度（IC_{50}）在 82.2～135.3μg/mL 之间。一些成分在体外还能抑制拓扑异构酶 I 和 II a 的活性，其中最强的是羊毛甾烷三萜类的灵芝酸 X（GAX）。用 GAX 处理人肝肉瘤 HuH-7 细胞，立即引起 DNA 合成抑制，也抑制 ERK 和 JUK 丝裂原—活化蛋白激酶的活化，并诱导细胞凋亡。初步试验结果显示，GAX 诱导肿瘤细胞凋亡的分子机制与其促使染色体 DNA 断裂、使线粒体膜破裂、促使细胞质中细胞色素 C 释放和 caspase-3 活化有关。作者认为，GAX 抑制拓扑异构酶及使敏感细胞凋亡与其抗肿瘤作用有关。

（二） 免疫调节作用

1. 增强树突状细胞、 单核吞噬细胞系、 中性粒细胞与 NK 细胞功能

树突状细胞（DC）是目前所知的功能最强的抗原提呈细胞，因其成熟时伸出许多树突样或伪足样突起而得名，它能高效地摄取、加工处理和递呈抗原。未成熟的 DC 具有较强的迁移能力，成熟的 DC 能有效激活初始 T 细胞，处于启动、调控、并维持免疫应答的中心环节。DC 与肿瘤的发生、发展有着密切关系，大部分实体瘤内浸润的 DC 数量多则患者预后好。有效的抗肿瘤免疫反应的核心是产生以 CD^+T 细胞为主体的细胞免疫应答，这也是 DC 作为免疫治疗手段的基础。单核吞噬细胞系作为人体第一道天然防线，具有非特异性防御、清除衰老细胞、非特异性免疫监视、呈递抗原信息、分泌细胞因子、调节免疫应答等重要功能。中性粒细胞来源于骨髓的造血干细胞，在骨髓中分化发育后，进入血液或组织。中性粒细胞浆中含有大量既不嗜碱也不嗜酸的中性颗粒，这些颗粒多是溶酶体，内含髓过氧化酶、溶菌酶、碱性磷酸酶和酸性水解酶等丰富的酶类，与细胞的吞噬和消化功能有关。中性粒细胞在血液的非特异性细胞免疫系统中起着十分重要的作用，它处于机体抵御微生物病原体（特别是化脓性细菌）入侵的第一线，当炎症发生时，它们被趋化性物质吸引到炎症部位。中性粒细胞具有很强的趋化作用和吞噬功能，当病原体在局部引发感染时，它们可迅速穿越血管内皮细胞进入感染部位，对侵入的病原体发挥吞噬杀伤和清除作用。NK 细胞则是肿瘤的自然杀伤者，它亦能杀伤细菌、病毒、真菌和寄生虫，并能分泌干扰素（IFN），故 NK 细胞亦成为机体抗肿瘤、抗感染的第一道防线。免疫应答反应由抗原提呈细胞（APC）捕获摄取抗原、加工处理并递呈抗原信息，APC 与 T 淋巴细胞相互识别，T、B 淋巴细胞活化、增殖、分化，最终形成效应细胞发挥效应等过程构成。抗原处理和递呈是免疫应答的关键因素，专职 APC 包括树突状细胞（DC）、巨噬细胞、B 淋巴细胞等。近年研究认为 DC 是功能最强的 APC，在激发辅助性 T 淋巴细胞（Th）及细胞毒性 T 淋巴细胞（CTL）的初次免疫反应中起关键作用，并且具有其他 APC 所不具备的特

性，如合成大量 MHC Ⅱ 类分子；具有表达捕获及转运抗原的特殊膜受体；能有效捕获及处理抗原并移行至 T 淋巴细胞区，具有成熟化的过程；少量抗原及少量 DC 即可激活 T 淋巴细胞；最大特点是能激活初始型 T 淋巴细胞，是机体免疫反应的启动者，在免疫应答的诱导中具有独特地位，而巨噬细胞及 B 淋巴细胞则仅能激活已活化的或记忆性 T 淋巴细胞。

 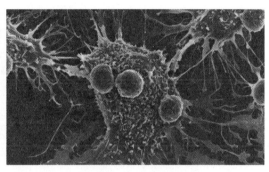

（图片来源：百度百科）　　　　　　（图片来源：百度百科）

图 7-1　免疫系统的"专职侦察兵"——树突状细胞（DC）形态，右图显示树突状细胞找到癌细胞的抗原（灰色圆球）后，立即进行识别打击

Lin 等（2005）研究了灵芝多糖（PS-G）对人单核细胞来源的树突状细胞（DC）的影响。PS-G 能够促进 DC 和 mRNA 表达，抑制 DC 的内吞活性。此外，经 PS-G 作用后的 DC 细胞刺激 T 细胞的活性增强，有效地诱导人 DC 细胞的活化和成熟。

Kohguchi 等（2004）研究了鹿角状灵芝（RR）子实体的免疫增强作用。给试验小鼠灌胃 RR 50mg/kg 或 500 mg/kg 3 天，第 4 天检测 LPS 诱导的脾细胞产生 IFNγ 水平。500 mg/kg RR 显著增加 LPS 诱导的脾细胞产生 IFNγ 水平，刺激 LPS 诱导的脾黏附细胞分泌 IL-12，显示 RR 体内给药可激活脾巨噬细胞。灌胃给药 500 mg/kg RR 14 天，明显升高 LPS 或 ConA 诱导的脾细胞分泌 IFNγ 水平，显示体内长期给予 RR 不仅激活脾细胞，还可激活 T 细胞，但对 IL-4，一种过敏性疾病相关细胞因子的产生没有影响。结果表明 RR 灌胃给药可引起体内 Th1 相关的免疫增强效应。

灵芝对单核吞噬细胞、树突状细胞（DC）和 NK 细胞功能的影响，是其免疫调节作用的重要组成部分。林志彬等（1980）观察了从灵芝子实体中提取的灵芝液和灵芝多糖 D6 对小鼠腹腔巨噬细胞吞噬功能的影响。结果证明，灌胃灵芝液和灵芝多糖 D6 均能明显提高小鼠腹腔巨噬细胞吞噬鸡红细胞的能力，吞噬百分率和吞噬指数均较对照组为高。同时还发现，从松杉灵芝的子实体和菌丝体中提取的多糖能恢复小鼠因注射氢化可的松而降低的静脉注射的碳粒廓清率，并使之恢复至正常水平。Cao and Lin（2003）也发现，灵芝多糖离体给药亦可显著促进小鼠腹腔渗出细胞（PEC）吞噬中性红活性。邵宝妹等（2004）也证实灵芝多糖能够增强小鼠腹腔巨噬细胞吞噬中性红的能力。

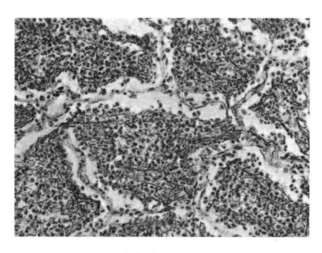

（图片来源：百度百科）

图 7 - 2　中性粒细胞（红点）形态，它是人体抵御微生物病原体（特别是化脓性细菌）入侵的第一线防线，对侵入的病原体发挥吞噬杀伤和清除作用

顾立刚等（1990）的实验证明，从薄盖灵芝菌丝体提取制成的注射液与小鼠腹腔巨噬细胞在体外培养 24 小时后，可增加巨噬细胞对中性红的吞噬功能，并增加巨噬细胞内溶菌酶的含量。此外，薄芝液还能协同 LPS 增强巨噬细胞分泌白细胞介素的能力。皮下注射灵芝孢子粉水提取物 20g/kg，可明显提高小鼠腹腔巨噬细胞的溶酶体酶、酸性磷酸酶和 β－葡萄糖醛酸酶活性，并促进 H_2O_2 生成，表明灵芝孢子粉水提物可激活巨噬细胞。

游育红和林志彬（2002、2004、2005）研究了灵芝多糖肽（GLPP）体内、体外给药对氧自由基（ROS）损伤巨噬细胞的保护作用，GLPP 50 mg/kg、100 mg/kg、200 mg/kg 腹腔注射 5 天，能抑制巨噬细胞膜样变性和坏死，提高细胞存活率。在培养的巨噬细胞中加入 GLPP 3.125、12.5、50、200 mg/mL，产生相似的保护作用。GLPP 体内（100 mg/kg）及体外（10 μg/mL）给药均可对抗叔丁基氢过氧化物（tBOOH）引起的氧化损伤，可使因自由基损伤而降低的巨噬细胞线粒体膜电位恢复；电镜观察发现，GLPP（100 μg/kg）腹腔注射 5 天可保护细胞器如线粒体免受

tBOOH 的损伤，显示 GLPP 有显著的清除氧自由基和抗氧化作用。

Won 等（1989）观察灵芝萃取物（GL-AI）对正常小鼠和荷瘤小鼠的自然杀伤细胞（NK）的细胞毒活性的影响。结果发现，GL-AI 均可增强脾 NK 细胞的细胞毒活性。腹腔注射的最适剂量为 20～40mg/kg，剂量过低或过高增强作用减弱。与此同时，给药小鼠的血清 IFN 滴度亦明显增加。进一步研究还发现，给试验小鼠接种黑色素瘤和肝肉瘤后 2 周，荷瘤小鼠的脾 NK 细胞的细胞毒活性显著降低，腹腔注射 GL-AI 40mg/kg，则可明显增强荷瘤小鼠 NK 细胞的细胞毒活性。

唐庆九等（2004）发现，经灵芝孢子粉碱提多糖刺激后，小鼠巨噬细胞变大，颜色加深，并显著刺激巨噬细胞分泌 TNFα 和 IL-1β，并产生大量的 NO。小鼠巨噬细胞对乳胶颗粒的吞噬功能也明显增强。表明灵芝孢子粉碱提多糖对小鼠巨噬细胞具有明显的激活作用。且荷瘤小鼠的巨噬细胞对 GLIS 的敏感度要优于正常小鼠，GLIS 中的糖部分对它的活性作用起主要作用。该研究表明，GLIS 对正常和荷瘤小鼠巨噬细胞均具有明显的激活作用。

李明春等（2000）观察了灵芝多糖（GLB）在体外对小鼠腹腔巨噬细胞蛋白激酶 C（PKC）活性的影响。结果表明，GLB（40μg/mL）可明显促进小鼠腹腔巨噬细胞中 PKC 总活力升高。分别测定巨噬细胞的胞浆和膜性组分 PKC 活力还发现，PKC 抑制剂对巨噬细胞中 PKC 活力有显著抑制作用，而 GLB7 则可明显拮抗抑制剂对巨噬细胞中 PKC 活性的抑制。

上述研究结果表明，灵芝能促进 DC 成熟并增强 DC 激发的免疫反应，促进 DC 功能，增强单核巨噬细胞系和 NK 细胞功能，这些效应不仅与其抗肿瘤、抗感染作用有关，而且还可间接影响免疫系统，进而参与免疫调节。

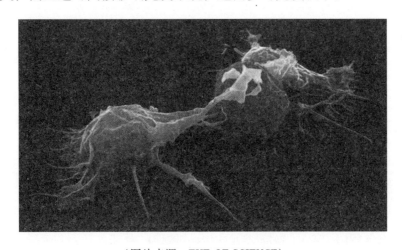

（图片来源：EYE OF SCIENCE）

图 7-3　自然杀伤细胞（NK）形态，图中的两个自然杀伤细胞正在攻击肿瘤细胞

2. 增强体液免疫功能

体液免疫即抗体介导的免疫，抗体由 B 淋巴细胞（B 细胞）分化出的浆细胞产生，进入血流和组织液后，与相应抗原结合可产生多种生物效应，如中和作用、调理作用、溶解作用、变态反应、抗原抗体复合物反应等。其中有的生物效应对机体有利，例如中和作用、调理作用等参与机体的抗感染机制；有的则有害，例如变态反应、免疫复合物反应等可引起免疫病理反应，导致过敏和免疫性炎症损伤。目前，研究灵芝对体液免疫的影响多从其有利方面考虑。LPS 诱导小鼠脾淋巴细胞增殖是检测机体 B 淋巴细胞免疫功能的一项体外实验，它在体外能够非特异性刺激 B 淋巴细胞发生母细胞转化，进一步分裂增殖。LPS 与胞膜结合直接活化 PKC，诱导 B 淋巴细胞表达 IL-2 受体，使 B 细胞对 IL-2 产生应答性增殖、或免疫球蛋白分泌，与体内抗原激活 B 淋巴细胞的反应类似。通过测定药物在体外对 LPS 诱导 B 淋巴细胞增殖的影响可观察其对机体体液免疫功能的影响。

Xia 等（1989）采用羊红细胞诱导的小鼠空斑形成细胞（PFC）反应为指标，观察几种灵芝多糖对正常小鼠和各种诱因所致免疫功能抑制小鼠的体液免疫功能的影响。研究结果发现，灵芝多糖 BN$_3$C 5mg/kg 连续腹腔注射 5 日，能使羊红细胞免疫的正常小鼠的 PFC 反应显著增加。雷林生和林志彬（1993）还发现，每日给小鼠腹腔注射灵芝多糖 GL-B（25 ～ 100mg/kg），共 4 日，可明显增强小鼠脾细胞对 LPS 刺激的增殖反应。这一结果表明，GL-B 可增强 B 淋巴细胞对 LPS 刺激的敏感性。曹容华等（1993）也发现，给小鼠腹腔注射灵芝多糖 GLP 0.05、0.1mg，对小鼠溶血素抗体产生有增强作用，但是剂量增至每只 2.4mg 时，反而有抑制作用。Cao 和 Lin（2003）比较了段木栽培灵芝多糖和菌草袋栽灵芝多糖的生物活性。结果显示，两种多糖离体给药，在 0.8 ～ 12.8 μg/mL 剂量范围内，可显著促进 LPS 诱导的小鼠脾淋巴细胞增殖。在所选剂量及浓度范围内，两种灵芝多糖的最高效应之间无显著性差别。

Bao 等（2002）从灵芝子实体中提取得到灵芝多糖（PL-1），腹腔注射 PL-1 25 mg/kg，连续 4 天，明显促进小鼠脾细胞经 LPS 诱导的 B 淋巴细胞增殖，以及抗体产生。Lai 等（2004）采用快速平板凝集试验，检测注射卵清蛋白后血清特异性抗卵清蛋白抗体的效价，发现灵芝多糖体内给药有助于马短期内特异性抗体的产生。

Ha 等（2003）报道，试验小鼠摄入灵芝菌丝体 4 周，第 7 天和第 21 天口服 5μg 霍乱毒素（CT）免疫，结果小肠腔液、大便以及血清特异性抗 CT IgA 水平降低，因，此灵芝菌丝体能够降低口服霍乱毒素免疫小鼠的黏膜特异性 IgA 反应。

据张劲松等（2002）报道，从灵芝子实体中分离得到的具有生物活性的糖肽（GLIS），能够使 B 淋巴细胞活化和增殖。经 GLIS 作用后的 B 淋巴细胞体积变大、其细胞膜表面表达 CD71 和 CD25，免疫球蛋白 IgM、IgG 分泌增加，并且 GLIS 活化 B 淋巴细胞不依赖于 T 淋巴细胞的活化，GLIS 可直接活化 B 淋巴细胞表达蛋白激酶 C（PKC）α 和 PKCβ，但 GLIS 并不影响淋巴细胞胞内 Ca^{2+} 浓度，研究结果表明，GLIS 可作为 B 淋巴细胞刺激剂。邵宝妹等（2004）发现，灵芝多糖（Gl-PS）100μg/mL 体外作用，能促进小鼠 B 淋巴细胞增殖，并且促进小鼠 B 淋巴细胞分泌免疫球蛋白 IgG。

3. 增强细胞免疫功能

细胞免疫是由 T 淋巴细胞分化、增殖而产生的致敏小淋巴细胞介导的免疫反应。细胞免疫的效应细胞至少有两种，即 T 辅助细胞（T_H）和 T 杀伤细胞（Tc），也称细胞毒 T 细胞（CTL），它们可直接杀死靶细胞，T_H 还可通过释放细胞因子间接杀死靶细胞。细胞免疫是一种防御反应，在抗感染、抗肿瘤及排除异体物质方面具有重要意义。灵芝对细胞免疫功能的影响是其免疫调节作用的重要方面，一直受到国内外研究者的关注。

Xia 等（1989）的研究表明，灵芝多糖 BN_3A、BN_3B 和 BN_3C 均可显著促进刀豆素 A（ConA）诱导的试验小鼠的脾淋巴细胞增殖反应，BN3A 和 BN3C 还可部分拮抗氢化可的松对淋巴细胞增殖反应的抑制作用。高斌和杨贵贞（1989）的体外试验也证明，树舌多糖可增强 ConA 刺激的小鼠脾细胞增殖反应。顾立刚等（1989）发现薄芝液对 ConA 刺激的脾细胞增殖反应的影响，因所用浓度不同而异，低浓度（1.5μl/mL）时有促进作用，高浓度（25μl/mL）则有抑制作用。Kino 等（1989）证明灵芝蛋白在体外对小鼠脾细胞有强大的促有丝分裂作用。曹容华等（1993）报告灵芝多糖 GLP 对 ConA 刺激的试验小鼠的脾细胞增殖及 T 细胞表达的影响。结果发现，小鼠每日腹腔注射小剂量 GLP（0.05、0.1mg）共 5 日，可明显增强 ConA 诱导的脾细胞增殖生成，及脾淋巴细胞抗原表达显著增加。

雷林生和林志彬（1993）的研究说明，每日腹腔注射 GL-B 50 mg/kg、100 mg/kg，连续 4 日，能促进小鼠脾细胞自发增殖的能力。如果部分地去除脾细胞中的巨噬细胞后，脾细胞自发增殖能力显著降低，分泌 IL-2 的能力也减弱，GL-B 对脾细胞的促进自发增殖作用也因此而减弱。加入腹腔巨噬细胞后，脾细胞的自发增殖的能力能得到恢复，GL-B 的促进增殖作用也得以恢复。结果进一步说明，GL-B 的促进脾细胞增殖作用是对 AMLR（自身混合淋巴细胞反应）的促进作用。张群豪和林志彬（1999）采用血清药理学方法观察灵芝浸膏对 ConA 诱导的淋巴细胞增殖反应及 MLR（混合淋巴细胞培养反应）的影响，也获类似的结果。每日给小鼠灌胃灵芝浸膏 5、10、20g（生药）/kg，共 10 日。结果可见，含灵芝血清与灵芝浸膏稀释液（50～200μg/mL）均可显著促进 ConA 诱导的淋巴细胞增殖反应和 MLR，并呈现出明显的剂量依赖性。结果表明，灵芝浸膏中可能含有对上述两种反应具有促进作用的有效成分，此成分在体外有效，且可吸收。此外，灵芝多糖 Gl-PS 离体给药，可显著增强小鼠 MLC（肌球蛋白轻链）反应，并可功能性拮抗并扭转免疫抑制剂环孢素 A（CsA）、丝裂霉素 C 或抗肿瘤药依托泊苷对小鼠 MLC 的抑制（Cao 和 Lin，2003）。

Wang 等（2002）发现，灵芝水提取物中分离得到的含岩藻糖的多糖肽（F3）能够剂量依赖性地促进 Con A 诱导的小鼠脾淋巴细胞增殖。Bao 等（2002）从灵芝子实体中提取得到灵芝多糖（PL-1），连续 4 天腹腔注射 PL-1，能明显促进小鼠脾细胞经 Con A 诱导的 T 淋巴细胞增殖。刘景田等（1999）将灵芝多糖等中药多糖分别作用于恶性肿瘤患者的淋巴细胞，试验结果表明，灵芝多糖能明显增强淋巴细胞 CR（肿瘤红细胞）花环率。这种增强作用在 CD35 单克隆抗体阻断淋巴细胞膜相的补体受体后消失，说明灵芝多糖通过增强淋巴细胞膜相的补体受体活性，增强淋巴细胞的免疫应答，从而增强免疫功能。

李明春等（2001）采用反相离子对高效液相色谱法测定 PKA 和 PKC 活力，发现灵芝多糖 GLB，能引起 T 细胞中 PKA 和 PKC 活性明显增强，并具有剂量依赖性，达峰时间分别为 5 分钟和 20 分钟，于 20 分钟及 1 小时分别恢复到基础水平；GLB$_7$ 还可引起 T 细胞中 PKC 发生质膜转位，并拮抗 Staurosporine 对 T 细胞中 PKC 的抑制作用。显示灵芝多糖的免疫增强和抗肿瘤作用与其增强 PKA 和 PKC 活性有关。

已有的研究结果显示，灵芝多糖能够增强获得性免疫和天然免疫。获得性免疫应答的启动关键是抗原特异性 T 细胞及 B 细胞快速增殖至发挥效应的数量。

4. 改善衰老所致的免疫功能衰退

免疫功能衰退是衰老的最明显特征之一。在免疫器官中，胸腺最早出现衰退。实际上自青春期开始，胸腺即呈进行性退化。受胸腺控制的 T 细胞功能及其产生细胞因子的能力均伴随年龄增加而降低，这是老年人免疫功能低下的主要原因。其次，受骨髓调控的 B 细胞功能及其分泌免疫球蛋白的能力也下降。这些变化导致老年人对外来抗原的免疫功能减弱，对突变的抗原监视功能降低，因此，老年人易患感染性疾病、肿瘤及免疫缺陷症。老年人免疫功能衰退的另一特征是识别异己的能力降低，对一些自体成分的反应性则异常增高，以致产生多种自身抗体，并因此易产生自身免疫性疾病。现代研究证明，衰老所致免疫功能衰退是可以延缓的，也可以部分恢复。在防治免疫功能衰退的诸多措施和药物中，扶正补益中药已被证明是有效的。《神农本草经》中即载有灵芝"久食轻身、不老、延年、神仙"，灵芝对衰老所致免疫功能衰退究竟有什么作用是一个非常值得研究的课题。

Xia 等（1989）在观察灵芝多糖 BN_3A、BN_3B 和 BN_3C 对 SRBC 诱导的空斑形成细胞（PFC）反应的影响时，发现 14 个月龄小鼠的 PFC 反应较 3 个月龄小鼠明显降低。用上述三种灵芝多糖连续腹腔注射 5 日，可使 14 个月龄小鼠降低的 PFC 反应明显恢复。Ma 等（1991）还发现，与 3 月龄小鼠相比，14 个月龄小鼠的 Con A 诱导的淋巴细胞增殖反应降低 26.5%，灵芝多糖 BN_3A、BN_3B 和 BN_3C 在浓度为 $1 \sim 10\mu g/mL$ 时，均可使之明显恢复。与 3 个月龄小鼠比较，19 个月龄小鼠 Con A 诱导的脾细胞 IL-2 产生减少 17.6% ～ 20.3%，这三种多糖均可使之恢复至 3 个月龄小鼠的正常水平。还有研究结果表明，未纯化的小鼠脾细胞在体外培养时，可发生自发性增殖，GL-B 也可显著促进这种反应。24 个月龄老年小鼠的未纯化脾细胞的自发性增殖和 IL-2 分泌均较 3 个月龄年轻小鼠显著减少，GI-B 则可剂量依赖性地使之逐渐恢复至 3 个月龄小鼠的正常水平。Lei 和 Lin（1991）研究结果也表明，24 个月龄老年小鼠脾细胞的 DNA 多聚酶 α 活性较 3 个月龄年轻小鼠降低 35.6% ～ 43.3%，每日给老年小鼠腹腔注射 GL-B 25mg/kg、50mg/kg，连续给药 4 日，可显著增强老年小鼠脾细胞的 DNA 多聚酶 α 活性，并使之趋于正常。

以上研究结果表明，灵芝多糖可使老年小鼠降低的 PFC 反应、Con A 诱导的淋巴细胞增殖反应、MLR 和 AMLR 恢复至接近正常水平，说明灵芝多糖可明显恢复因衰老所致的体液免疫功能和细胞免疫功能降低。与此同时，灵芝多糖还能增加 IL-2 的产生，使衰老引起的 IL-2 降低恢复至年轻小鼠的正常水平。老年小鼠脾细胞 DNA 多聚酶 α 活性降低说明，衰老时免疫功能衰退与免疫细胞的 DNA 合成障碍有关，并因此影响免疫细胞增殖和免疫细胞因子合成与分泌。因此，灵芝多糖显著增强老年小鼠 DNA 多聚酶 α 活性的作用，不仅是其恢复老年性免疫功能衰退作用的分子生物学基础，而且也可能是其抗衰老作用的重要环节。

5. 拮抗吗啡依赖所致免疫功能抑制

毒品吗啡、海洛因成瘾患者通常会发生免疫功能障碍。改善毒品成瘾患者的免疫功能，增强患者的抵抗力是戒毒综合治疗的一部分，也是戒毒治疗的疗效机制之一。陆正武和林志彬（1999）的研究发现，灵芝多糖肽（GPP）在体外对高浓度吗啡所致免疫抑制的拮抗作用。$0.063 \sim 0.5\mu mol/mL$ 的吗啡可显著抑制小鼠腹腔巨噬细胞的吞噬功能、淋巴细胞增殖以及 IL-1、IL-2 的产生。而 $50 \sim 800 \ \mu g/mL$

剂量的 GPP 对上述免疫实验指标有明显的促进作用，且随剂量增加，作用增强。当吗啡和 GPP 同时加入体外培养细胞系统中，则有相互拮抗作用。GPP（50 ～ 80 μg/mL）可逆转吗啡所致巨噬细胞吞噬功能降低、IL-1 和 IL-2 生成减少以及淋巴细胞增殖功能减退，并使之恢复正常。结果指出，GPP 可使直接遭受吗啡抑制的免疫细胞功能恢复，具有功能性拮抗作用。作者进一步探讨了 GPP 对反复吗啡处置所致吗啡依赖的小鼠免疫抑制作用的影响。小鼠依次皮下注射吗啡 20、30、40、50 mg/kg 各一日，每日 2 次，4 日后可建立稳定的吗啡身体依赖模型。GPP 或单独给予正常小鼠或与吗啡合并给药，灌胃剂量均为 50 mg/kg。结果可见，吗啡依赖组小鼠的腹腔巨噬细胞吞噬功能及对 S-180 瘤细胞的细胞毒性、诱生 TNF 和 IL-1 的能力、迟发型过敏反应（DTH）和溶血空斑形成细胞 PFC 的溶血能力、ConA 或 LPS 诱导的淋巴细胞增殖反应及混合淋巴细胞培养反应均显著抑制，GPP 则可使吗啡对上述免疫实验指标的抑制作用逆转并恢复至正常水平。作者还发现，GPP 对吗啡依赖小鼠的免疫增强作用明显大于正常小鼠，并推测 GPP 拮抗吗啡依赖所致免疫功能抑制可能是通过对神经、内分泌和免疫网络的调节作用而实现的。GPP 拮抗吗啡依赖所致免疫功能抑制的临床意义尚有待在实践中证实。

6. 抗过敏作用

北京医学院药理教研组（1977）的研究结果证明，赤芝发酵浓缩液能显著地抑制过敏反应介质的释放，且其作用强度与所用药物浓度成正比。从灵芝发酵浓缩液中提出的酸性物 I 和 II 可能是这一作用的有效组分。Kohda 等（1985）报告，从赤芝中提取的灵芝酸 C 和 D 对肥大细胞释放组胺有抑制作用。Tasaka 等（1988）从灵芝发酵液中提取到棕榈酸、硬脂酸、油酸、亚麻油酸，其中油酸具有膜稳定作用，可抑制组胺释放和抑制对 ^{45}Ca 的摄取。随后他们又从赤芝培养物中分离出一种环八硫，可抑制大鼠腹腔肥大细胞释放组胺，并阻止肥大细胞摄取 ^{45}Ca，但对细胞内环－磷酸腺苷无影响。进一步研究发现，环八硫可诱导肥大细胞膜上蛋白结合位点的变化。这一试验结果显示，环八硫与膜蛋白质相互作用，从而抑制对 ^{45}Ca 的摄取，这可能是其抑制组胺释放的主要原因。

灵芝对过敏反应的研究还少见报道，从目前研究结果可见，灵芝的抗过敏作用的有效成分较为复杂，有待进一步深入研究。

◯（三） 对神经系统的作用

1. 镇静、催眠作用

北京医学院基础部药理教研组在20世纪70年代（1975）的研究发现，给小鼠腹腔注射灵芝酊（5 g/kg）、灵芝发酵浓缩液（10mL/kg）或菌丝液（5g/kg）后，经1～2分钟，小鼠自发性活动明显减少，肌张力降低，即出现镇静作用。给小鼠注射灵芝液（20g/kg）能显著增强催眠药戊巴比妥钠的麻醉作用，并显著降低戊巴比妥钠麻醉作用的半数有效量（ED_{50}）。灵芝液组的戊巴比妥钠 ED_{50} 为25.4mg/kg，而对照组为35.0mg/kg，二组间有显著差别。随后其他学者的报告也指出，小鼠腹腔注射灵芝恒温渗滤液、灌胃灵芝浓缩液或腹腔注射灵芝浓缩液，均可抑制小鼠自发性活动，作用可持续3～6日。灵芝恒温渗滤液能显著延长催眠药环己巴比妥钠的作用时间。给小鼠灌胃灵芝浓缩液，能显著增强戊巴比妥钠的催眠作用。薄盖灵芝发酵液腹腔注射亦可使小鼠自发性活动减少，并可加强抗精神病药氯丙嗪、利血平的镇静作用，拮抗中枢兴奋药苯丙胺的兴奋作用。

Chu 等（2007）的试验发现，灵芝颗粒剂能明显减少小鼠自主活动，缩短戊巴比妥钠致小鼠睡眠潜伏期，延长戊巴比妥钠致小鼠的睡眠时间，能对抗士的宁致小鼠惊厥的作用。赤芝孢子和树舌灵芝深层发酵菌丝体的酒精提取物对小鼠中枢神经系统产生抑制作用，能减少小鼠自发性的动作，延长巴比妥类诱导的睡眠时间，阻止烟碱诱导的抽搐等。研究还发现，GLE 80 mg/kg 能够明显减少小鼠的自主活动，显示出一定的镇静作用。

2. 镇痛作用

陈伟等（2006）研究了泰山灵芝提取物的镇痛作用，每日灌胃给予小鼠15 mg/kg 和30 mg/kg 的灵芝提取物，连续7天可显著抑制冰醋酸刺激引起的小鼠扭体次数，显示灵芝提取物对炎症性疼痛有抑制作用。魏凌珍等（2000）连续7天，每日灌胃给予小鼠灵芝孢子粉 20 mg/kg 和320 mg/kg，用热板法、水浴法和化学刺激法镇痛实验检测灵芝孢子粉对小鼠的镇痛作用，实验结果显示，灵芝孢子粉可明显延长热板法、水浴法痛反应潜伏期，明显减少小鼠扭体次数，具有一定镇痛作用。万阜昌（1992）的研究也表明，人工栽培的紫灵芝有明显的镇痛作用。

3. 改善学习与记忆的作用

郭燕君等（2006）发现，灵芝多糖对双侧大脑海马注射β淀粉样蛋白诱发的老年性痴呆（阿尔茨海默病）模型大鼠的学习记忆有改善作用。说明灵芝多糖可改善老年性痴呆大鼠的学习记忆障碍。此外，海马内注射β淀粉样蛋白后，海马细胞增生、聚集、核边聚、碎裂。电镜观察显示，锥体细胞胞浆水肿，内质网池扩张，星形胶质细胞增生肥大。注射灵芝多糖组病变显著减轻，超微结构尚属正常海马星形胶质细胞较模型组显著减少。可见灵芝多糖对β淀粉样蛋白诱发的老年性痴呆（阿尔茨海默病）模型大鼠脑组织内海马退行性交神经元有一定的保护作用，并能降低脑组织内的神经炎症反应。进一步的研究还发现，灵芝多糖在明显改善模型大鼠低下的学习记忆能力的同时，显著提高模型大鼠海马组织超氧化物歧化酶（SOD）活性及降低丙二醛（MDA）含量。

Wang（2004）采用衰老加速小鼠研究了灵芝对老年学习与记忆能力的影响。研究结果指出，灵芝能改善老年学习与记忆能力，并提高抗氧化活性。

王竞等（1996）用"Y"型迷宫法测试小鼠空间分辨行为。结果表明，每日灌胃给灵芝提取物2.5g/kg连续7天，不仅能明显地促进小鼠的学习能力，也有显著改善东莨菪碱对记忆的损害作用。李亚萍等（2005）将赤芝提取物与三七、茯苓等天然中药制成灵芝复方，按灵芝200mg/kg连续灌胃给药30天。研究发现，灵芝复方对正常小鼠的学习记忆没有影响，对东莨菪碱造成的学习记忆障碍小鼠，能明显提高其学习记忆能力。邵邻相等（2002）用"Y"型电迷路法进行学习记忆测定，发现灵芝灌胃14日后，能明显增强小鼠学习记忆的能力，显著提高小鼠大脑中5-羟色胺和多巴胺等神经递质的含量，而且这两种作用有一定的相关性。因此推测，灵芝可能是通过影响大脑中神经递质的水平，进而促进小鼠学习记忆能力的。

4. 脑保护作用

大量的研究表明，灵芝成分有脑保护作用，对缺血性脑损伤、老年性痴呆和帕金森病的神经元变性、糖尿病的脑病变等都有一定的保护作用。Zhao等（2004）的研究发现，灵芝多糖可显著增加损伤神经元的存活率，减少MDA（丙二醛）的水平，增加超氧化物歧化酶（SOD）和锰-超氧化物歧化酶（Mn-SOD）的水平。在共聚焦显微镜下进一步检验神经元中活性氧自由基的变化时发现，灵芝多糖可显著降低局灶性脑缺血再灌注损伤（I/R）引起的荧光密度增加，表明其可抑制活性氧自由基（ROS）的产生。杨海华等（2006）研究灵芝孢子粉对脂多糖所致的多巴胺能神经元变性的影响。结果发现，连续 14 天每日灌胃给予灵芝孢子粉，可有效改善脂多糖大鼠的旋转行为，增加中脑黑质酪氨酸羟化酶阳性细胞的数量和酪氨酸羟化酶 mRNA 的表达，减少黑质多巴胺对神经元的损伤。谢安木等（2004）发现，灵芝孢子粉对 6－羟多巴诱发的实验性帕金森病大鼠的黑质病变有保护作用，能够减少黑质神经细胞的凋亡。赵晓莲等（2006）研究发现，灵芝孢子粉对实验性糖尿病大鼠脑损伤有一定的保护作用，其机制可能是通过减轻线粒体钙超载，减轻脑细胞的损伤，从而改善脑细胞的代偿功能。

5. 促进神经再生的作用

据有关文献报道，在周围神经损伤后应用灵芝孢子可促进脊髓前角受损伤运动神经元存活及其轴突再生。张伟等（2006）发现，萌动激活灵芝孢子能够促进大鼠坐骨神经切断再吻合后的脊髓受损伤运动神经元轴突再生。对单侧坐骨神经切断再吻合后的大鼠灌胃给予萌动激活灵芝孢子，6 周后观察到灵芝孢子组的大鼠坐骨神经再生轴突的动作电位潜伏期及峰值的恢复率，以及运动神经元胞体的荧光金逆行标记率均明显高于对照组，灵芝孢子组大鼠腓肠肌萎缩程度也轻于对照组。张伟等（2005）还研究了灵芝孢子和云芝对大鼠脊髓受损伤运动神经元存活的影响。研究结果发现，灵芝孢子和云芝能够提高大鼠脊髓受损伤的运动神经元存活率。马钦桃等（2005）的研究发现，在脊髓半横断后应用灵芝孢子，对受损伤的脊髓背核神经元和脑干红核神经元存活及其轴突的再生有促进作用，同时还发现灵芝孢子和一氧化氮合酶抑制剂 N-硝基左旋精氨酸甲酯联合应用对脊髓半横断损伤的修复有协同作用。

马钦桃等（2005）探讨灵芝孢子和一氧化氮合酶（NOS）抑制剂 L-NNA 联合应用对大鼠脊髓半横断后受损伤的背核线粒体细胞色素氧化酶活性的影响。将 20 只 SD 成年雌性大鼠（200 ～ 250g）行右侧 T11 脊髓半横断 30 日后，对受损伤脊髓做细胞色素氧化酶酶组化染色；用图像分析方法检测 L1 脊髓段背核线粒体细胞色素氧化酶活性的变化，用酶组化电镜技术观察 L1 脊髓段背核细胞色素氧化酶活性的分布位置。结果与对照组相比，L-NNA 组和灵芝孢子组 L1 脊髓损伤侧背核线粒体细胞色素氧化酶活性均有提高，灵芝孢子＋L-NNA 组损伤侧背核线粒体细胞色素氧化酶活性最强。研究结果发现，灵芝孢子和 L-NNA 均可提高大鼠脊髓半横断后受损伤的脊髓背核线粒体细胞色素氧化酶的活性，两者联合应用更能提高受损伤的背核线粒体细胞色素氧化酶的活性。

上述研究结果表明，灵芝对外周和中枢的神经再生都有一定的促进作用，这些试验结果为临床应用灵芝孢子治疗中枢神经损伤性疾病提供理论和实验资料。灵芝促进神经再生可能是多种因素综合作用的结果，其作用机制还需要进一步研究。

● （四） 对心血管系统的作用

1. 强心作用

北京医学院基础部药理教研组早期（1974，1975，1978）的研究发现，灵芝酊对正常八木氏离体蟾蜍心脏和戊巴比妥钠中毒的离体蟾蜍心脏均有明显的强心作用，对后者作用尤为显著，在一定剂量范围内，强心作用随剂量增加而增强。灵芝菌丝体乙醇提取液及发酵浓缩液和海南灵芝（ $G.\ sp$ ）发酵液亦有类似强心作用。腹腔注射灵芝酊或菌丝体乙醇提取液（3g/kg）对在位兔心有明显的强心作用，给药后心收缩力分别增加，对心率无明显影响。灵芝子实体注射液静脉注射也有类似强心作用。麻醉猫静脉滴注灵芝热醇提取液，亦见强心作用，使心收缩幅度增强，同时使心率减慢。浓度较高时，在强心作用前先有短暂的抑制。大剂量中毒时，出现房室传导阻滞。这些试验表明，灵芝和海南灵芝均有明显的强心作用。

2. 对心肌缺血的保护作用

北京医学院基础部药理教研组早期（1974）的研究发现，预先静脉注射灵芝液（3g/kg），对给正常清醒家兔静脉注射垂体后叶素引起的急性心肌缺血有一定的保护作用，能使心电图高耸的 T 波显著降低。用大白鼠进行的类似研究中，灵芝子实体注射液亦有类似的作用。灵芝的这一作用可能与其能扩张冠状动脉，增加冠脉流量有关。陈奇等（1979）的报告证实了这一设想，静脉注射发酵灵芝总碱，能使麻醉犬冠状动脉流量增加，同时能明显降低冠脉阻力、动静脉氧差、心肌耗氧量和心肌氧利用率，改善缺血心肌的心电图变化。静脉注射同样剂量的发酵灵芝总碱能分别使猫冠脉血流量和脑血流量增加，这一试验结果表明，灵芝不仅增加心肌供血，还能增加脑的供血。灵芝对急性实验性心肌梗死的治疗作用除与其降低心肌耗氧量有关外，还可能与其扩张冠脉的侧支，因而增加缺血区心肌的供血和供氧有关。灵芝发酵液的氨水洗脱部分（BF），能使离体豚鼠冠脉流量增加2倍。用静脉注射BF（4mL/kg）可显著对抗垂体后叶素引起的家兔急性心肌缺血。野生紫芝总提取物亦能使离体豚鼠心脏的冠脉流量增加105%，心率略有减慢。

用同位素[86]铷（[86]Rb）示踪法测定小鼠心肌营养性血流量（毛细血流量），能更好地阐明灵芝对心肌缺血的保护作用。[86]Rb踪法测定时，心肌摄取[86]Rb的能力与心肌营养血流量成正比，即心肌开放的毛细血管数量越多，心肌细胞膜及毛细血管的通透性越大，[86]Rb的摄取量越多。试验结果显示，腹腔注射灵芝液、菌丝体乙醇提取液和海南灵芝发酵液均能显著增加小鼠心肌摄取[86]Rb的能力，且此作用随所用灵芝制剂的剂量增加而增强，表明它们均能增加小鼠心肌营养性血流量（北京医学院基础部药理教研组，1976）。野生紫芝的酒剂、酒水制剂及人工培养紫芝酒剂亦有类似的增加心肌营养性血流量作用，且以后者作用最强。

以上研究结果说明，灵芝能增加心肌营养性血流量，改善心肌微循环，增加心肌供氧，这可能是它对心肌缺血保护作用的重要环节。

3. 降压作用

Kabir等（1988）用自发性高血压大鼠进行实验，给用药组的大鼠在饲料中加入5%灵芝菌丝体粉，对照组不加，4周后，给用药组的大鼠血压较对照组明显降低，血浆及肝脏中的胆固醇含量亦下降。Lee等（1990）报告，灵芝菌丝水提取物静脉注射给药，可使家兔和大鼠的收缩压和舒张压均降低，但对心率无影响，并证明这种降压作用是通过抑制中枢交感神经而实现的。Morigwa等（1986）发现，从灵芝的5个三萜类化合物：灵芝酸K和S（ganodermic acid K、S）、灵芝醛A（ganoderal A）、灵芝醇A和B（ganoderol A、B）对血管紧张素转换酶均具抑制作用，这可能与灵芝的降压作用有关。北京医学院基础部药理教研组的早期（1974）研究也曾证明，给麻醉猫静脉注射灵芝液可使血压立即下降。

4. 抑制实验性动脉粥样硬化斑块形成及降血脂作用

家兔饲以高胆固醇高脂肪饮食，在主动脉壁可形成实验性动脉粥样硬化斑块，并使血清胆固醇、甘油三酯和β脂蛋白明显升高。四川医学院药理教研组的早期（1973）研究显示，长期给家兔口服灵芝浓缩液或糖浆可使动脉粥样硬化斑块形成缓慢且轻，但对血清脂质变化无影响。Shiao等（1986）在大鼠的高胆固醇饲料中加入灵芝的菌丝体，可显著降低血清和肝脏中胆固醇和甘油三酯的含量，这一作用显示，其有效成分灵芝酸三萜类化合物抑制食物中的胆固醇吸收。Komoda等（1989）指出，从灵芝中分离出的具有7-氧代和5-α-羟基的类固醇，可抑制胆固醇的合成。陈伟强等（2005）研究了灵芝多糖对高脂血症大鼠血脂及脂质过氧化的影响，研究结果显示，灵芝多糖能调节大鼠高脂血症的脂代谢和增强抗脂质过氧化的作用。

学者们认为，灵芝中所含的三萜类的化学结构与哺乳动物胆固醇生物合成途径中羊毛甾醇后的中间体类似，可抑制胃肠道吸收食物中的胆固醇。在体内给药时，灵芝所含的三萜类与限速酶-3-羟-3-甲戊二酸单酰辅酶 A（HMG-CoA）还原酶抑制剂相似，可抑制 HMG-CoA 还原酶，并因此而抑制胆固醇合成。Hajjaj 等（2005）从灵芝中提取三萜类化合物灵芝醇 A（ganoderol A）、灵芝醇 B（ganoderol B）、灵芝醛 A（galnoderal A）和灵芝酸 Y（ganoderic acid Y），并在体外培养的人肝细胞 T9A4 上观察它们对胆固醇合成的抑制作用及其作用机制。研究结果发现，灵芝中的这些三萜类化合物可抑制醋酸盐或3-甲（基）-3，5-二羟（基）戊酸盐转化为胆固醇，并因此抑制胆固醇的生物合成。

这些研究结果指出，灵芝的主要有效成分多糖类和三萜类化合物具有降血脂作用，其降脂作用环节较多，包括抑制胆固醇吸收和减少其生物合成。

5. 抑制血管平滑肌细胞的脂质过氧化反应

杜先华等（2003）用体外培养的大鼠胸主动脉血管平滑肌细胞（VSMC），观察灵芝注射液的抗脂质过氧化作用。分别用脂质过氧化物（LPO）、超氧化物歧化酶（SOD）检测试剂盒测定灵芝对 VSMC 培养液中 LPO 含量、SOD 活性的影响。结果显示，灵芝注射液能显著降低 LPO 含量，增强 SOD 活性。表明灵芝对 VSMC 有抗脂质过氧化作用。其作用机制可能与其拮抗脂质过氧化反应，增强抗氧化酶的活性有关。

6. 对毒菌中毒所致心肌损伤的保护作用

杨瑛等（2006）研究灵芝对鹅膏毒菌中毒兔的解救及心肌的保护作用。结果发现，灵芝能显著减轻动物中毒反应症状。试验结果指出，灵芝煎剂能明显提高鹅膏毒菌中毒兔的存活率，减轻鹅膏毒菌所致心肌损伤，这可能是其解毒机制之一。

● (五) 对呼吸系统的作用

1. 镇咳和祛痰作用

据文献报道，在小鼠氨水引咳法镇咳试验中，腹腔注射灵芝水提取液、灵芝菌丝醇提取液、灵芝发酵浓缩液均有明显镇咳作用。小鼠腹腔注射这些灵芝提取物后，因氨水刺激引咳的潜伏期延长，或使咳嗽次数显著减少。在小白鼠酚红法祛痰试验中，小鼠腹腔注射酚红后，再给予腹腔注射灵芝水提取液、灵芝菌丝醇提取液，可使小鼠气管冲洗液中酚红含量增加，即有增加气管分泌的作用。一些早期灵芝药理研究中均发现灵芝有镇咳作用，由于目前这方面的报道尚少，灵芝对镇咳和祛痰作用还有待进一步研究。

2. 平喘作用

北京医学院基础部药理教研室（1974，1975）的研究发现，灵芝酊、灵芝液、灵芝菌丝体乙醇提取液及浓缩发酵液对组胺引起的豚鼠离体气管平滑肌收缩有抑制作用，且此作用与所用药物浓度成正比。灵芝发酵液除拮抗组胺外，还能拮抗乙酰胆碱和氯化钡引起的豚鼠离体气管平滑肌收缩。另外，研究发现，赤芝发酵浓缩液能显著地抑制卵蛋白抗血清及破伤风抗血清被动致敏豚鼠皮肤过敏反应，随后进一步研究了赤芝发酵浓缩液及其不同提取部分对卵蛋白及破伤风类毒素主动致敏豚鼠肺组织释放组胺及过敏的慢反应物质（SRS-A）的影响。结果证明，赤芝发酵浓缩液能显著地抑制这两种过敏反应介质的释放，且其作用强度与所用药物浓度成正比。Kino 等（1989）的研究也证明灵芝的其他成分亦有抗过敏及抑制组胺释放作用。Kohda 等（1985）报告，从赤芝中提出的三萜类化合物灵芝酸 C 和 D（ganoderic acid C、D）对肥大细胞释放组胺有抑制作用。Tasaka 等（1988）从灵芝发酵液中提取到棕榈酸、硬脂酸、油酸、亚麻油酸，其中油酸具有膜稳定作用，可抑制组胺的释放和对^{45}Ca 的摄取。随后他们又从赤芝培养物中分离出一种环八硫物质，可抑制大鼠腹腔肥大细胞释放组胺，并阻止肥大细胞摄取^{45}Ca，但对细胞内 cAMP 无影响。进一步研究发现，环八硫可诱导肥大细胞膜上蛋白结合位点的变化，显示环八硫与膜蛋白质相互作用，从而抑制^{45}Ca的摄取，这可能是其抑制组胺释放的主要原因。

○（六） 对消化系统的作用

1. 对消化性溃疡的作用

当胃肠道黏膜侵蚀性因素的作用超过了维持黏膜完整性的保护性因素时，可导致消化性溃疡病。其中侵蚀性因素包括胃酸、胃蛋白酶、胆汁及外源性非甾体消炎药（NSAIDs）、幽门螺杆菌（Hp）感染、乙醇或应激刺激等，而保护性因素包括黏液分泌、黏膜血流量及损伤后黏膜上皮细胞的修复和再生。采用药物（NSAID）、乙醇、醋酸等刺激的胃溃疡整体动物模型和NSAIDs刺激的体外培养胃黏膜细胞，可观察到肿瘤坏死因子$-\alpha$（TNF-α）、白介素类ILs等多种炎性细胞因子水平增加，进而引起胃黏膜损伤程度加重。由幽门螺杆菌产生的细菌脂多糖（LPS）亦可通过增加TNF-α和IL-1的表达和释放，从而明显减弱大鼠溃疡修复过程。对胃溃疡患者进行幽门螺杆菌根除治疗后，黏膜产生细胞因子如TNF-α和IL-8明显减少。TNF-α可通过刺激白细胞（尤其是中性粒细胞）游走和迁移进入炎症部位刺激分泌其他细胞因子如IL-8和细胞间黏附分子等，启动早期炎症反应，因而在胃溃疡的形成过程中起关键的作用。抑制TNF-α产生可抑制胃黏膜中胃泌素、环加氧酶（COX）及血管内皮成长因子等的基因表达，促进内皮增殖，增加胃血流，减少内皮凋亡，从而促进溃疡修复。另一方面，胃肠黏膜上皮细胞可通过增殖反应以进行再生与更新，这也是维持黏膜完整性和促进溃疡修复的重要环节。除黏膜壁表面损伤可促进黏膜上皮细胞增殖外，增殖过程还受某些炎性细胞因子和多胺类所调控。多胺可促进正常细胞或癌细胞增殖，故具有促进溃疡修复作用。而拮抗多胺作用或抑制多胺合成则可引起黏膜细胞凋亡或增殖抑制。多胺合成过程中的限速酶为鸟氨酸脱羧酶（ODC），而致癌基因如c-myc和c-fos等是ODC的转录因子，故该酶活性和表达可受c-myc和c-fos调节。

Gao Y H等（2002）采用吲哚美辛所致大鼠整体胃溃疡病理模型及体外培养的大鼠胃黏膜上皮细胞（RGM-1）模型，考察了灵芝多糖（GLPS）对胃黏膜修复、胃黏膜 TNF-α mRNA 和蛋白表达水平、鸟氨酸脱羧酶（ODC）活性、[³H]胸腺嘧啶脱氧核苷（TdR）掺入及黏液合成的影响。研究结果显示，灌胃给予灵芝多糖可使吲哚美辛所致大鼠溃疡损伤修复，并显著抑制 TNF-α 基因表达，而使 ODC 活性增加。灵芝多糖能显著增加 RGM-1 细胞 [³H] TdR 掺入量和 ODC 活性。研究结果还显示 GLPS 对胃黏膜局部具有直接的保护效应，GLPS 可通过诱导体外培养细胞或整体动物中细胞因子如 TNF-α 的生成，从而产生其抗癌活性。

据文献报道，前列环素（PGE₂）具有抑制胃酸分泌作用，并通过促进胃黏液分泌、增加胃黏膜血流量发挥胃黏膜保护作用。杨明等（2005）观察了树舌灵芝子实体中提取的多糖对胃黏膜中 PGE₂ 含量、胃黏膜血流量及胃黏液分泌的影响。研究结果显示，经灌胃给予树舌多糖后，大鼠胃黏膜 PGE₂ 含量、胃黏膜血流量、胃内游离黏液和胃壁黏液的分泌均呈显著性地增加，表明树舌多糖可通过提高胃黏膜 PGE₂ 含量、胃黏膜血流量及胃黏液分泌来加强胃黏膜屏障，这也可能是其保护胃黏膜损伤的作用机制之一。

2. 对化学性肝损伤的作用

已知四氯化碳（CCl₄）是一种外源肝毒性物质，进入体内可使人或实验动物迅速发生中毒性肝炎，出现明显的肝功能障碍和典型的中毒性肝炎的病理组织学改变。早在 20 世纪 70 年代以来就有大量研究证实，灵芝粗提物中的多糖类、糖蛋白或三萜类化合物等多种活性有效成分，均可对 CCl₄ 所致化学性肝损伤产生保护作用。北京医学院基础部药理教研组（1974）的研究发现，连续给小鼠口服灵芝酊，能减轻小鼠 CCl₄ 中毒性肝炎引起的病理组织学改变，并且能减轻 CCl₄ 对肝脏解毒功能的损害，使中毒性肝炎小鼠代谢中枢抑制药硫喷妥钠的能力明显增强。Su 等（1993）发现，从芝提取的三萜类化合物能降低 CCl₄ 肝损伤小鼠血清谷草转氨酶（GOT）和谷丙转氨酶（GPT），具有保肝的作用。中国医学科学院药物研究所药理室（1977）曾报道，从薄树芝菌丝体中提出的薄醇醚可使部分切除肝脏的小鼠肝脏的再生能力加强，并能对抗大剂量吲哚美辛对小白鼠的毒性作用。刘耕陶等（1979）证明，灵芝或紫芝酒提取物对 CCl₄ 肝炎小鼠的血清 GPT 升高具有明显降低作用。灵芝酒提取物还使肝炎动物升高的肝脏甘油三酯含量降低。灵芝和紫芝酒提取物还能显著促使部分切除肝脏的小鼠肝脏再生，并降低洋地黄毒苷或吲哚美辛中毒小鼠的死亡率。Lin 等（1995）研究了几种灵芝水提取物对 CCl₄ 所致大鼠肝脏毒性的影响。结果显示，灵芝水提取物可显著降低 CCl₄ 化学毒性刺激所致大鼠血清谷丙转氨酶（GPT）和乳酸脱氢酶（LDH）水平。采用电子自旋共振技术（ESR）检测发现、灵芝水提取物可使电子加合物峰值明显降低，同时可剂量依赖性地提高肝脏超氧化物歧化酶（SOD）活性，显示其抗 CCl_4 化学性肝毒性作用机制是通过清除氧化自由基产生的。Yang 等（2006）研究了灵芝菌丝体中提取的水溶性蛋白多糖（GLPG）对 CCl_4 肝损伤的影响。发现连续 20 日口服给予 GLPG 后，小鼠血清中丙氨酸氨基转移酶（LT）和天门冬氨酸氨基转移酶（AST）水平可被 GLPG 降低。进一步考研究小鼠血浆中肿瘤坏死因子（TNF-α）水平的变化的结果发现，连续 20 日给予小鼠口服 GIPG 后，TNF-α 水平亦呈剂量依赖性地降低，而大鼠血清中 SOD 水平则明显升高。肝组织病理学检查亦显示，CCl_4 刺激 24 小时后，小鼠肝组织即可见病理形态学改变。而刺激 72 小时后，则肝小叶结构破坏及肝组织坏死更为明显。口服给予 72 小时后，可见肝组织损伤得到了一定的恢复，部分肝细胞内出现了双核结构，这说明 GLPG 还促进了肝细胞损伤后的再生。该研究显示 GLPG 拮抗 CCl_4 所致肝损伤的机制可能是通过两条途径，其一途径是清除氧化自由基，减轻肝细胞膜脂质过氧化造成的损伤；另一途径是通过尚未知的信号传导，抑制 CCl_4 所诱导的肝细胞内炎性细胞因子 TNF-α 生成，进而减轻炎性介质所致肝毒性。杨宁、肖桂林（2006）报告灵芝煎剂对急性鹅膏毒蕈中毒兔肝细胞有明显的保护作用。

上述研究结果证明，灵芝、紫芝和松杉树芝确有保肝作用，它们可减轻化学药物（毒物）对肝脏的损伤，加强肝脏代谢药物（毒物）的功能。

3. 对免疫性肝损伤的作用

张庆萍等（1997）报告，腹腔注射灵芝孢子粉，共 10 日，可降低 D-氨基半乳糖所致肝损伤小鼠的死亡率，降低血清丙氨酸氨基转移酶（ALT）和血清天门冬氨酸氨基转移酶（AST），改善肝功能，减轻肝细胞肿胀和坏死。近年来的研究表明，灵芝所含三萜类及多糖类化合物除可减轻化学性肝损伤外，还可减轻免疫性肝损伤，它可能是灵芝保肝作用的重要有效成分。

王明宇等（2000）发现，从灵芝子实体提取的总三萜（GT）和三萜组分（GT_2）对 CCl_4 和氨基半乳糖诱发的肝损伤有明显的保护作用，可使因肝损伤升高的血清丙氨酸氨基转移酶（ALT）和肝脏甘油三酯（TG）显著降低。总三萜（GT）还使肝损伤时降低的肝脏超氧化物歧化酶（SOD）活性和还原型谷胱甘肽（GSH）含量显著增高，使升高的脂质过氧化产物丙二醛（MDA）显著降低。GT和 GT_2 还显著降低卡介苗＋细菌内毒素（BCG＋LPS）诱发肝损伤小鼠的血清丙氨酸氨基转移酶（ALT）和甘油三酯（TG）。研究结果指出，灵芝三萜类成分是其保肝作用的重要有效成分。

4. 对动物实验性肝纤维化的作用

肝纤维化是大多数慢性肝病的晚期阶段的病理表现，常演变发展为肝硬化或肝癌。Park 等（1997）报告，对结扎并切断胆管诱发肝纤维化的大鼠，灵芝多糖可降低其血清丙氨酸氨基转移酶（ALT）、血清天门冬氨酸氨基转移酶（AST）和总胆红素（ALP），还能减少肝脏的胶原含量，并能改善肝纤维化的形态学改变，此结果表明，灵芝多糖具有抗大鼠肝纤维化作用。近年来的研究证实，自由基和脂质过氧化参与了肝纤维化发病机制。CCl_4 除可经肝内质网药酶系统在氧化代谢过程中产生自由基，引起急性化学性肝损伤作用外，CCl_4 所致慢性肝毒性亦可通过脂质过氧化反应，引起肝纤维化。Lin 等（2006）在 CCl_4 诱导的大鼠慢性肝毒性和肝纤维化模型基础上，口服灌胃给予灵芝提取物（GLE），连续 8 周，结果显示，GLE 使 CCl_4 刺激的血浆中 AST 及 ALT 值明显下降。羟脯氨酸（HP）是胶原的特有成分，由于 CCl_4 引起纤维化过程中胶原纤维合成增多，HP 含量亦随之升高，研究显示 GLE 能减少 HP 含量，减轻 CCl_4 所致肝纤维化程度，并改善组织病理形态学变化。

5. 体外抑制肝炎病毒的作用

张正等（1989）观察了 20 种真菌对乙型肝炎病毒（HBV）的抑制作用。采用体外实验测定药物对乙肝病毒 DNA 聚合酶（HBV-DNA）的抑制作用和减少 HBV-DNA 拷贝作用，采用 PLC/PRF/5 细胞系进行细胞生物学实验，并在鸭肝炎模型上观察药物的整体抗病毒疗效。结果发现，灵芝类真菌在体外对乙肝病毒 DNA 聚合酶（HBV-DNAP）的抑制率分别为：树舌 80%，黑灵芝 60%～70%，薄树芝 50%～60%。HBV-DNA 拷贝减少结果为：树舌 40%，黑灵芝 28.1%。树舌抑制 PLC/PRF/5 细胞分泌乙肝表面抗原（HBsAg）的抑制率为 59.7%。这些结果表明，树舌等在体外能抑制乙型肝炎病毒。Li 等（2006）考察了灵芝培养液中提取的灵芝酸（GA）的体外抗乙肝病毒（HBV）活性。结果显示 GA 能抑制 HBV 表面抗原（HBsAg）的表达和产生，这一结果显示，灵芝酸（GA）抑制了肝细胞中 HBV 的复制。该研究同时还考察了 GA 对四氯化碳（CCl_4）所致化学性肝损伤及 BCG +LPS（卡介苗＋细菌内毒素）所致免疫性肝损伤模型的影响。两种模型引起的急性肝损伤与急性肝炎所致损伤相似，均可致严重的肝细胞坏死，导致大量的转氨酶类进入血流，血清中 ALT 和 AST 水平迅速地增加，血清中转氨酶水平升高可反映肝脏损伤程度，故常用以评价新药的保肝作用。研究结果显示 GA 降低上述两种小鼠肝脏病理模型中血清 ALT 和 AST 水平。研究结果显示，GA 对 CCl_4 和

BCG+LPS 所致肝损伤具有肝保护效应。GA 的体外抗乙肝病毒复制和减少肝损伤作用显示其可成为潜在的抗肝炎药物，但其抗病毒作用机制有待进一步探讨。

6. 对肝脏药物代谢酶系的作用

β－葡萄糖苷酶是广泛存在于各种生物细胞中的代谢酶，可催化各种外源性或内源性化合物的羟化反应，生成 β－葡萄糖苷酸。根据文献报道，血中 β－葡萄糖苷酶浓度升高与肝损伤、肝肿瘤发生呈明显相关性。Kim 等（1999）研究了灵芝子实体中提取的灵芝酸 A 对 CCl_4 所致大鼠肝损伤条件下，大鼠肝微粒体表达的 β－葡萄糖苷酶活性的影响，并与大肠杆菌表达的 β－葡萄糖苷酶活性的影响进行了比较。研究结果显示，给大鼠口服灵芝酸 A 后，其各组分（P1 ～ P6）均可显著抑制肝微粒体 β－葡萄糖苷酶的活性，同时 CCl_4 刺激条件下的血清 ALT、AST 和 TG 水平亦见显著降低，其中以灵芝酸 A-P4 对 β－葡萄糖苷酶活性的抑制作用最强。在口服给予 50 ～ 100mg/kg 剂量范围内，灵芝酸 A-P4 还可剂量依赖性地降低血清中肝损伤生物标志酶 ALT、AST 和 LDH 水平，减轻 CCl_4 所致肝损伤程度。

目前已知多环芳香烃类（PAH）、杂环胺类、芳香胺类和苯并吡（B［a］P）等多种化学前致癌物被摄入人体内后，需要通过肝脏混合功能氧化酶（MFO）代谢酶系统的代谢活化，生成能够与 DNA 共价结合的反应性亲电子中间产物，才能产生毒性导致基因突变，从而引起癌症的发生。反应性活性氧簇（ROS）可经药物氧化代谢过程中产生，直接或间接地启动或促进基因突变及癌发生中起着重要的作用。ROS 可增加脂质过氧化，通过改变酶活性，破坏细胞膜完整性。ROS 亦可攻击 DNA、RNA、蛋白质、细胞膜等细胞大分子，从而引起功能紊乱及损伤。Lakshmi 等（2006）研究了灵芝子实体甲醇提取物，对叠氮钠（NaN_3）、N－甲硝基－亚硝基胍（MNNG）、4－硝基苯二胺（NPD）和 B［a］P 等几种前致癌剂致癌发生等位基因突变的影响。研究结果显示，灵芝甲醇提取物在体外可剂量依赖性地抑制上述前致癌物刺激的体外沙门氏 TA98、TA100 和 TA102 菌种的基因突变活性。进一步研究还发现，灵芝甲醇提取物可降低 B［a］P 所致血清中肝损伤标志酶如谷氨酸－草酰乙酸转氨酶（GOT）、谷氨酸－丙酮酸转氨酶（GPT）以及碱性磷酸酶（ALP）水平，提高还原型谷胱甘肽（GSH）水平；提高谷胱甘肽过氧化物酶、谷胱甘肽－S-转移酶、超氧化物歧化酶和过氧化物酶的活性。此外，灵芝甲醇提取物还显著抑制 B［a］P 所致脂质过氧化。此研究结果显示，灵芝甲醇提取物可恢复机体抗氧化防御能力，预防 B［a］P 所致的肝损伤。

● （七） 对内分泌系统的作用

1. 对肾上腺皮质机能和性腺机能的影响

肾上腺皮质激素的作用是降低机体对各种有害刺激的反应性，使机体在不良的环境中维持必要的生理功能。从临床治疗学的角度来看，其主要作用有 3 个方面：抗炎作用、免疫抑制作用和对生长和细胞分裂的影响。顾欣等（1993）报告，皮下注射灵芝孢子粉水提取物，能拮抗醋酸泼尼松对小鼠脾脏 DNA 含量及合成的抑制作用，此外，还能拮抗醋酸泼尼松促使小鼠肝脏中甘油三酯含量增加的作用。此研究结果显示，灵芝孢子粉水提取物可能有拮抗糖皮质激素的作用。

Liu 等（2007）和 Rumi Fujita 等（2005）报道，灵芝的醇提取物活性成分三萜类化合物对去势大鼠 I 型和 II 型 5α－还原酶的同工酶有剂量依赖的抑制作用，同时对由睾酮诱导的前列腺增生有一定抑制作用，但对双氢睾酮所诱导的前列腺增生没有影响。这些结果显示，灵芝的三萜成分在治疗良性前列腺增生方面可能有价值。

2. 对实验性糖尿病及糖尿病并发症的影响

据 Kimura 等（1988）报告，给葡萄糖负荷大鼠灌胃灵芝子实体水提取物，可降低大鼠血糖。Hikino 等（1985）的研究发现，给正常小鼠腹腔注射灵芝水提取物能使血糖明显降低。从灵芝中分离出灵芝多糖 A、B 和 C，均具有降血糖作用，其中以灵芝多糖 A 和 B 的作用最为显著。灵芝多糖 C 对四氧嘧啶诱发糖尿病大鼠的降血糖效果则弱于前二者。Hikino 等（1989）从灵芝子实体提取、分离出 15 种含蛋白质的异多糖 FA-16-FIII-3a，除 FII-1 无降血糖作用、FIII-1b 的降血糖作用较弱外，其余 13 种含蛋白质的灵芝异多糖对正常小鼠均有明显降血糖作用。进一步试验还证明，肽多糖（灵芝多糖 B）能提高正常小鼠和糖负荷小鼠血浆胰岛素水平，但对胰岛素与脂肪细胞的结合过程无影响。灵芝多糖 B 可明显促进肝脏葡萄糖激酶、磷酸果糖激酶、葡萄糖－6－磷酸酶和糖原合成酶活性，降低肝脏葡萄糖－6－磷酸脱氢酶活性。在不影响血浆总胆固醇和甘油三酯水平的情况下，可降低肝糖原含量。研究结果显示，灵芝多糖 B 的降血糖作用可能是由于提高了血浆胰岛素水平，加快了葡萄糖的代谢，并促进外周组织和肝脏对葡萄糖的利用。

据文献报道，四氧嘧啶能诱导小鼠糖尿病，导致小鼠血糖升高。孙颉等（2002）采用四氧嘧啶诱导小鼠糖尿病模型，比较了连续口服灵芝肽对四氧嘧啶糖尿病小鼠及正常小鼠血糖的影响。研究发现，四氧嘧啶糖尿病小鼠血糖明显升高，而给予灵芝肽与茶多糖的混合品，则可显著降低小鼠的血糖，并且还发现灵芝肽对糖尿病小鼠的体重降低有一定的抑制作用。

何敏（2004）探讨了灵芝多糖对小鼠糖耐量的影响。实验采用腹腔注射四氧嘧啶诱导小鼠实验性糖尿病，然后分别给正常小鼠和糖尿病小鼠喂予灵芝多糖，1～2 小时后检测正常和糖尿病小鼠对糖耐量的影响。研究结果显示，灵芝多糖 0.5g/kg 能显著降低糖尿病小鼠餐后 1 小时和 2 小时血糖，而灵芝多糖 1.5g/kg 对正常和糖尿病小鼠餐后 1 小时和 2 小时血糖均有显著降低作用，研究结果显示，灵芝多糖能改善正常和四氧嘧啶糖尿病小鼠的糖耐量。

陈明德等（2005）观察了灵芝预防或治疗糖尿病高血糖的效果。大鼠分别在注射链脲佐菌素的前 1 周或注射后 1 周灌胃给予灵芝 2 周。试验结果显示，在注射链脲佐菌素前就接受灵芝处理的大鼠血糖浓度明显降低，并出现较高的血胰岛素浓度及抗氧化能力。而灵芝对经链脲佐菌素注射 1 周后，已经出现糖尿病高血糖的大鼠则无明显改善效果。这一试验结果表明，灵芝可能通过其抗氧化作用对抗链脲佐菌素所造成的胰腺伤害。Zhang and Lin（2004）观察了灵芝多糖（GLPS）对正常动物和实验性糖尿病动物的血糖、血清胰岛素水平的影响及其调节机制。在禁食的正常小鼠，灌胃 GLPS 50、100mg/kg 3 小时和 6 小时，可明显降低血清葡萄糖水平。GLPS 100mg/kg 于给药后 1 小时，可显著升高血清胰岛素水平。

张惠娜等（2003）研究了灵芝多糖（GLPS）对血糖调节的影响及与 Ca^{2+} 的关系。发现 GLPS 能直接促进胰岛 β 细胞分泌胰岛素。若预先加 L2 型 Ca^{2+} 通道阻断剂维拉帕米，由于抑制 Ca^{2+} 内流而导致胰岛素的分泌量明显抑制，GLPS 的促胰岛素分泌作用也受到一定的抑制。当联合应用 Ca^{2+} 螯合剂 EGTA 和维拉帕米，其促胰岛素分泌的作用则被完全抑制，这些结果表明，GLPS 对胰岛素的释放可能是通过促进胰岛细胞外 Ca^{2+} 内流而实现的。陈伟强等（2005）观察了灵芝多糖对糖尿病大鼠血糖、胰岛素和血脂的影响。结果发现，经灵芝多糖治疗后，糖尿病大鼠血糖水平显著下降，血清胰岛素水平显著升高，血清 TC（总胆固醇）和 TG（甘油三酯）水平都显著降低。这一结果显示，灵芝多糖对糖尿病有一定的治疗作用，其作用可能和灵芝多糖促进胰岛素分泌有关。

一些研究发现灵芝可预防实验性糖尿病并发症，包括实验性糖尿病肾病、晶状体损伤、睾丸损伤等。王尧等（2003）观察了灵芝对12周糖尿病模型大鼠糖、脂代谢紊乱的疗效及对早期糖尿病肾病的作用。结果发现，给予灵芝后大鼠血糖、糖化血红蛋白、甘油三酯和低密度脂蛋白均明显下降，尿微量白蛋白排泄率明显降低。研究结果表明，灵芝对糖尿病大鼠糖、脂代谢紊乱均有明显的调节作用，并可明显降低早期糖尿病肾病大鼠的尿微量白蛋白排泄率。

糖尿病伴随性功能和生殖功能障碍的发病率很高，严重影响了患者的生活质量，甚至导致不育，其发病机制仍未完全阐明。随着对Ⅱ型糖尿病自由基机制研究的深入，有越来越多的证据显示，糖尿病患者和实验动物体内自由基反应增强，活性氧（ROS）蓄积和清除不足所致的氧化应激是糖尿病及其并发症发生发展的重要因素。仲丽丽等（2006）探讨了灵芝孢子粉对Ⅱ型糖尿病大鼠睾丸损害的活性氧（ROS）机制。结果发现，糖尿病组与正常对照组比较，睾酮（T）水平、超氧化物歧化酶（SOD）、抗氧化酶（GSH-Px）活性降低，差异有显著性意义，MDA（丙二醛）含量明显高于对照组。而灵芝孢子组与糖尿病组比较，睾酮（T）水平、SOD、抗氧化酶（GSH-Px）活性显著升高，MDA（丙二醛）含量明显低于糖尿病组。这一研究结果表明，糖尿病活性氧（ROS）增多，抗氧化酶（SOD、GSH-Px）活性下降，可能是造成睾丸细胞损伤，导致睾丸功能紊乱，继而导致性与生殖功能障碍的原因。而灵芝孢子粉能有效降低ROS对糖尿病大鼠生殖系统的毒性损害，增强抗氧化酶（SOD、GSH-Px）的活性，可能是其对糖尿病大鼠生殖系统的细胞凋亡有明显抑制，从而对睾丸细胞起保护作用的机制之一。

糖尿病时并发的男性性与生殖功能障碍中，男性不育是一种重要的临床表现。男性糖尿病患者生精过程受到明显抑制，这种抑制作用可能与糖尿病所导致的雄性生殖能力下降有关。据文献报道，一氧化氮（NO）可参与精子发生、精子成熟、精原细胞凋亡、睾丸素分泌及阳痿、早泄等的调节。NO合成不足或过量都能引起男性性功能和生育力下降。NO能被肾组织糖基化终产物（AGEs）抑制。在糖尿病动物中，对NO的扩血管作用反应缺陷与基质AGEs的累积水平相关，阻断AGEs形成则可预防这种缺陷的发生。在细胞培养基中，AGEs可以阻断NO对主动脉平滑肌细胞和肾小球细胞的生长抑制作用。AGEs形成对单核细胞具有趋化活性，内皮细胞下的AGEs能选择性诱导单核细胞穿越完整的内皮细胞层，糖化反应至一定程度，AGEs的趋化活性便不再增加。AGEs可以引起内皮细胞通透性增加而不破坏其完整性。内皮细胞下的单核细胞一旦被激活，即能产生一系列介质，吸引并激活其他细胞，引起血管壁结构改变。血红蛋白糖化后可致氧输送也能力的减低，胶原蛋白、细胞外基质蛋白的糖化可改变血管壁结构造成血管壁通透性的变化。脂蛋白糖化及其氧化可使其清除率减慢，造成血脂水平升高。髓鞘蛋白的糖化可致神经传导速度改变，参与神经病变的发生。糖化反应还可直接影响性激素蛋白结构使其功能下降。王柏欣等（2006）观察了灵芝孢子粉对雄性糖尿病大鼠睾丸血清糖基化终产物（AGEs）的影响，探讨灵芝孢子对实验性雄性糖尿病大鼠生殖功能的影响和作用机制。研究结果发现，模型组睾丸组织 AGEs（肾组织糖基化终产物）显著高于正常组，而给予灵芝孢子粉组则可使升高的 AGEs 明显降低。研究结果显示，灵芝孢子粉对糖尿病大鼠睾丸组织具有保护作用。Wang 等（2006）观察了灵芝孢子对非胰岛素依赖型糖尿病（NIDDM）大鼠睾丸内线粒体细胞色素 C 和钙的影响。研究结果表明，与正常对照相比，模型组大鼠睾丸线粒体细胞色素 C 和钙水平明显降低，而血浆细胞色素 C 水平明显增高。研究结果表明，灵芝孢子对 NIDDM 大鼠睾丸内线粒体细胞色素 C 和钙的水平有增高趋势。同时还表明，线粒体细胞色素 C 和钙离子参与了糖尿病大鼠的睾丸损伤机制。

醛糖还原酶在糖尿病并发症中起重要作用。Jung 等（2005）研究了平盖灵芝的甲醇和水提取物对糖尿病大鼠醛糖还原酶的作用。研究结果发现，平盖灵芝的甲醇和水提取物在体外可明显地抑制糖尿病大鼠晶状体醛糖还原酶，进而抑制血糖水平。研究结果显示，平盖灵芝的甲醇和水提取物可能具有抗糖尿病和抑制糖尿病并发症的作用。

（八）　抗氧化和清除自由基作用

自由基是细胞代谢过程中产生的活性物质，它能诱导氧化反应，使生物膜中多种不饱和脂类发生超氧化变性，形成脂质过氧化物，引起细胞结构和功能的改变，导致器官组织的损伤。在正常状态下，体内氧自由基的产生与清除处于动态平衡中，所产生的自由基，人体是可以利用的。但是，如果自由基产生过多，或清除减少，大量的自由基必然对人体的细胞脂类和细胞膜、蛋白质和酶造成损伤，以及破坏核酸和染色体。很多疾病如衰老、肿瘤、心血管疾病、炎症及自身免疫性疾病的病理过程与脂质过氧化反应及过量的自由基产生有关，寻找有效的抗氧化剂，对疾病的防治有重要的意义。早在 20 世纪 80 年代，灵芝的抗氧化清除自由基作用便受到学术界的重视。一系列研究和文献报道均证明灵芝具有抗氧化与清除自由基作用，这一作用可能与灵芝防治上述疾病有关，也是灵芝不同药理作用的共同靶点。

此外，根据衰老的自由基产生学说，认为自由基增多是衰老的重要原因。因此，灵芝清除自由基的作用也可能与其抗衰老作用有关。

据王继峰等（1985）的研究报告，给家兔腹腔注射灵芝注射液 $0.48g/kg$，共 5 次，可显著抑制羟自由基（·OH）生成。体外试验灵芝注射液（$12.5\sim25.0mg/mL$）亦显著增强家兔血浆清除·OH 自由基作用。灵芝注射液（$4.0\sim16.0mg/mL$）对 NADHINBTIPMS 系统在体外产生 O_2^- 自由基有显著清除作用，此作用与所加灵芝注射液的剂量成正比。李荣芷和何云庆（1992）报告灵芝多糖在体外对自由基的清除作用。以细胞色素 C 法测定灵芝多糖 GL-A、GL-B 和 GL-C 对黄嘌呤 – 黄嘌呤氧化酶体系氧自由基产生的抑制作用。研究结果显示，这三种灵芝多糖对自由基的产生均有抑制作用。以 MDA-TBA 法检测 GL-A、GL-B 和 GL-C 对 EDTA-Fe（Ⅱ）体系·OH 自由基的清除作用的结果证明，三种灵芝多糖均有清除自由基的作用。

邵红霞等（1994）观察了灵芝及灵芝复方制剂对大鼠心、脑、血浆中脂质过氧化产物 MDA、脂褐素含量及超氧化物歧化酶（SOD）活性的影响。灵芝复方制剂以灵芝子实体为主要成分，辅以白术、甘草、茯苓、枸杞子等组分组成。单味灵芝及灵芝复方均为水煎剂，浓缩为每 mL 含生药 $0.32g$。灵芝（$1g/kg$）、灵芝复方制剂（$1g/kg$ 和 $5g/kg$）连续灌胃 3 周，均可显著降低大鼠心肌、脑、血浆 MDA 的含量。灵芝复方制剂高剂量组中，心肌、脑、血浆 MDA 含量均明显低于单味灵芝组。上述剂量的灵芝、灵芝复方制剂均可显著增加脑和血的 SOD 活性。灵芝复方制剂增加心肌、脑、血浆 SOD 活性的作用明显强于单味灵芝。灵芝及灵芝复方制剂高低剂量都可显著降低大鼠脑组织脂褐素含量，但灵芝复方制剂高低剂量组与灵芝组之间无明显差异。研究结果指出，灌胃灵芝和灵芝复方能明显抑制大鼠心肌、脑、血浆中 MDA 及脂褐素的生成，增强 SOD 活性，显示灵芝及其复方有明显的抗氧化作用。

桂兴芬等（1996）采用顺铂损伤大鼠肾脏的动物模型，观察了灵芝注射液清除自由基、保护肾皮质的作用。结果表明，顺铂所致肾损伤大鼠在血清尿素氮和肌酐明显升高的同时，可见血浆及肾皮质的 MDA 显著增加，而 SOD 活性显著降低。表明顺铂通过诱发体内自由基产生，加速血液和肾皮质的脂质过氧化反应，导致肾皮质损伤，而使肾功能障碍，使尿素氮和肌酐在体内潴留。每日腹腔注射灵芝注射液（$0.2g$ 生药 $1mL$）$20mg/kg$，连续 5 日，对正常大鼠的上述指标均无明显影响，但对顺铂所致肾损伤有明显的保护作用，可使顺铂引起的血清尿素氮和肌酐升高降至正常水平，使降低的血浆和肾皮质 SOD 活性显著增强。与此同时，则使血浆和肾皮质的 MDA 含量降至正常水平。结果说明，灵芝注射液通过清除自由基，抑制脂质过氧化反应，可拮抗顺铂引起的大鼠肾损伤，保护肾皮质的功能。

李明春（2000）采用激光扫描共聚焦显微镜动态监测灵芝多糖 GLB_7 对小鼠腹腔巨噬细胞活性氧自由基含量的影响。试验结果证明，GLB_7 能抑制体外培养的巨噬细胞内的活性氧自由基生成，具有清除活性氧自由基作用。

陈奕等（2006）观察从黑灵芝中提取的有效活性成分清除二苯基苦味酰基苯肼自由基（DPPH·）的作用，研究结果表明，黑灵芝的提取物具有清除 DPPH·自由基的作用。张珏，章克昌（2006）的研究表明，用超滤浓缩法与减压热浓缩法提取的灵芝菌丝体多糖对羟自由基（·OH）均有一定的清除作用，且清除率随糖液浓度的增加而增加，在一定范围内清除率与浓度呈正相关，显示灵芝菌丝体粗多糖具有良好抗氧化活性。

（九）对放射性损伤及化疗损伤的保护作用

林志彬等（1980）首先发现灵芝有抗放射线损伤作用。在 ^{60}Co γ 射线照射前给小鼠灌胃灵芝液（10g/k）20 日，照射后继续给药 2 周，能显著降低动物的死亡率。灵芝组和对照组照射后 30 日的死亡率分别为 44.4% 和 70.4%。推测灵芝对放射性损伤的保护作用可能与其刺激骨髓造血机能有关。随后，进一步研究证实了这种推测。每日给小鼠腹腔注射灵芝多糖 D6（74mg/kg），7 天后可使 ^{3}H-亮氨酸、^{3}H-胸腺嘧啶核苷和 ^{3}H-尿嘧啶核苷分别掺入骨髓细胞蛋白质、DNA 和 RNA 的掺入量较对照组增加 28.5%、43.3 和 48.7%。研究结果说明，灵芝多糖能促进骨髓细胞蛋白质、核酸的合成，加速骨髓细胞的分裂增殖（关洪昌等，1981）。Ma and Lin（1995）还证明，灵芝多糖肽是灵芝抗放射线损伤及化疗药损伤的有效成分。Hsu等（1990）亦证明，赤芝提取物腹腔注射对小鼠 X 线照射所致损伤具有一定的保护作用，可轻度增加照射 30 天的存活率，促进照射后小鼠体重和血象的恢复。Chen 等（1995）报告，灵芝提取物（400mg/kg）连续给药 35 日，对 γ 射线照射小鼠所致的损伤有明显的保护作用，在照射后 7 日或 28 日，灵芝提取物能明显拮抗因照射引起的白细胞减少和 PHA、Con A、LPS 诱导的脾淋巴细胞增殖反应降低。进一步还证明，灵芝提取物可恢复照射引起的 CD4 和 CD8 细胞的降低。余素清等（1997）发现，给小鼠灌胃灵芝孢子粉对 ^{60}Co γ 射线引起的白细胞减少有抑制作用，并能提高小鼠的存活率。

Kubo 等（2005）报告，人工培养的灵芝菌丝体水提取物（MAK），对试验小鼠 X 射线照射损伤具有保护作用。研究表明，MAK 具有抗放射作用。季修庆等（2001）探讨 γ 射线对成纤维细胞的细胞周期及增殖的影响，并从细胞水平探讨灵芝多糖的抗辐射作用。研究结果可见，灵芝多糖对辐射所致成纤维细胞增殖有明显抑制作用，使受损细胞不能增殖，阻止组织纤维化过程，从而实现抗辐射作用。

王丹花、翁新楚（2006）研究灵芝氯仿提取物、乙酸已酯提取物及两种提取物的残渣对肿瘤细胞的抑制作用，并观察它们预防给药或治疗给药对暴露在顺铂（DDP）及不同剂量的^{60}Co 射线照射下的正常人细胞的保护作用。结果显示，4 种灵芝提取物中，灵芝氯仿提取物对肿瘤细胞的抑制作用最强。研究结果表明，灵芝氯仿提取物在体外具有明显的抗肿瘤作用，并对放射线和化疗药顺铂引起的正常人细胞的损伤具有保护作用。

◯（十）对化学性、免疫性损伤和免疫缺陷的保护作用

1. 对化学性和免疫性肌损伤的保护作用

刘耕陶等（1980）报告，除草剂 2，4－二氯苯氧乙酸（2，4-D）能引起小鼠血清醛缩酶显著升高，并伴随有受刺激出现角弓反张状态的肌强直反应。在注射 2，4-D 前后，给小鼠腹腔注射从薄盖灵芝菌丝体中提出的薄醇水（20g/kg）和灵芝子实体水制剂（30g/kg）各 1 次，均能使升高的血清醛缩酶明显降低。从薄盖灵芝菌丝体提取物中分离出的尿嘧啶和尿嘧啶核苷亦有降低血清醛缩酶的作用，表明这两种成分是薄盖灵芝菌丝体降低血清醛缩酶的有效成分。体外实验还证明，尿嘧啶核苷对血清醛缩酶活性并无直接抑制作用，此结果表明，灵芝及其有效成分降低血清醛缩酶作用，并非由于直接抑制了该酶的活性，可能是对 2，4-D 所致肌肉损伤有某种保护作用。

顾欣等（1993）观察了灵芝孢子粉水提取物对 2，4-D 化学性和免疫性肌损伤的影响。实验结果发现，皮下注射灵芝孢子粉水提取物 20g（生药）/kg 不仅可抑制 2，4-D 引起的小鼠肌强直症状，还可使 2，4-D 化学性肌损伤小鼠升高的血清磷

酸肌酸激酶（SCPK）活性显著降低，并使降低的肌肉磷酸肌酸激酶（MCPK）明显升高。腹腔注射灵芝孢子粉水提取物10g（生药）/kg，可防治因注射肌肉抗原免疫引起的大鼠肌损伤，使免疫性肌损伤引起的SCPK升高显著下降，MCPK降低显著升高，肌细胞变性和坏死等病理变化亦减轻。

为了阐明灵芝孢子粉水提取物对实验性肌损伤的疗效机制，顾欣等（1993）研究了灵芝孢子粉水提取物对小鼠骨骼肌细胞膜脂质过氧化的影响。实验结果可见，灵芝孢子粉水提取物（1.5～4.5mg/mL）在体外可明显地抑制肌肉的自发性脂质过氧化反应，使MDA（血清丙二醛）生成量呈剂量依赖性减少。体内实验亦证明，皮下注射灵芝孢子粉水提取物20g（生药）/kg可使2，4-D引起的小鼠血清MDA（血清丙二醛）升高明显降低。由于灵芝孢子粉水提取物对正常小鼠血清MDA无影响，故认为灵芝孢子粉水提取物对2，4-D小鼠的MDA含量降低作用不是直接减少血清中MDA含量，可能是通过对肌胞膜脂质过氧化的拮抗作用，使脂质过氧化的产物MDA含量降低。进一步的实验结果发现，灵芝孢子粉水提取物确能抑制产生O_2^-和·OH自由基的Fe^{2+}/半胱氨酸系统所致的肌浆脂质过氧化，随灵芝孢子粉水提取物剂量的增加，脂质过氧化产物MDA的生成量更加减少。灵芝孢子粉水提取物还可使细胞色素C的还原率降低，这显示O_2^-自由基生成减少，说明灵芝孢子粉水提取物可能有捕获O_2^-自由基的作用。

为探讨灵芝孢子粉水提取物对体内清除氧自由基的酶系统是否有作用，顾欣等观察了灵芝孢子粉水提取物对小鼠肝胞浆中SOD、过氧化氢酶及谷胱甘肽过氧化物酶（GSH-Px）的影响。实验结果发现，皮下注射灵芝孢子粉水提取物20g（生药）/kg，共6日，可明显提高小鼠肝胞浆中过氧化氢酶活性，但对SOD和GSH-Px活性无明显诱导作用。以上研究结果指出，灵芝孢子粉水提取物对活性氧自由基引起的肌胞膜脂质过氧化的抑制作用可能与其抗实验性肌损伤作用有关，也可能是其对某些肌肉疾病有效的机制之一。

2. 体外抑制人类免疫缺陷病毒（HIV）作用

人类免疫缺陷病毒（HIV）是获得性免疫缺陷综合征（AIDS，艾滋病）的元凶，人体感染了HIV后，免疫系统逐渐被病毒破坏，使人体丧失了抵抗力，最终可因各种机会性感染而致死。用药物改善患者免疫功能仅能治标，根本之计还是抑制和杀灭HIV，从病原角度彻底治愈艾滋病。最近，一些体外试验发现灵芝子实体和孢子粉的提取物可抑制HIV。

Kim等（1996）报告了灵芝抗人类免疫缺陷病毒（HIV）的作用。试验用的灵芝子实体水提取液分为高、低分子量两部分。水提取后的子实体再经甲醇提取，提取物依其电荷分为 8 个部分。取上述提取物对人 T 淋巴母细胞（CEMIW）进行 XTT 抗病毒试验，观察上述灵芝提取物对未受病毒感染细胞的 50% 抑制浓度（IC_{50}）、对受病毒感染细胞的 50% 有效保护浓度（EC_{50}）及体外治疗指数（TI，IC_{50}/EC_{50}）。此外，还观察提取物对 HIV-1（HXBC2 病毒毒株）感染的 Jurkat T 淋巴细胞培养上清液中病毒逆转录酶（RT）活性的影响。实验结果发现，灵芝子实体水提取液的高分子量部分（GK-HMW）既无细胞毒性，亦无抗 HIV 活性。低分子量部分对靶细胞无毒性，但对病毒增生有很强抑制作用，其 IC_{50} 为 125μg/mL，EC_{50} 为 11.0 ～ 11.2μg/mL，TI 值为 11.1 ～ 11.3。甲醇粗提取物（GLA）、正己烷层（GLB）和乙酸乙酯层（GLC）的 IC_{50} 分别为 43.6 ～ 44.4μg/mL、21.5 ～ 22.4μg/mL 和 27.1 ～ 29.3μg/mL；EC_{50} 分别为 14.4 ～ 43.6μg/mL、15.2 ～ 21.5μg/mL 和 27.1 ～ 29.3μg/mL。中性部分（GLE）和碱性部分（GLG）的 IC_{50} 分别为 14.8 ～ 15.0μg/mL 和 22.4 ～ 24.6μg/mL，EC_{50} 分别为 14.8 ～ 15.0μg/mL 和 22.4 ～ 24.6μg/mL。实验结果表明，这些部分的细胞毒性和抗 HIV 活性均较强。水可溶部分（GLD）、酸性部分（GLF）和两性部分（GLH）既无细胞毒性，也无抗 HIV 活性。在对病毒逆转录酶活性的测试中，GLC 与 GLG 均具有明显抗 HIV 作用。GLC（50μg/mL）与 Jurkat T 细胞共同培养 3 日后，可抑制病毒增生达 75%，GLG（100μg/mL）亦可抑制病毒增生达 66%，这些结果与 XTT 试验结果一致。这些实验结果表明，灵芝子实体水提取物的低分子量部分、甲醇提取物的中性和碱性部分能抑制 HIV 增殖。

El-Mekkawy 等（1998）报告了从灵芝子实体甲醇提取物中分离的三萜类化合物抗 HIV-1 细胞病变作用和抑制 HIV-1 蛋白酶作用。实验结果发现，灵芝三萜类化合物灵芝醇 F 和灵芝酮三醇可明显抑制 HIV-1 对 MT-4 细胞的致细胞病变作用，两者的 100% 抑制浓度均为 7.8μg/mL，且均为两者细胞毒浓度的一半。在对 HIV-1 蛋白酶的抑制作用研究中，发现灵芝酸 B 和灵芝醇 B 对 HIV-1 蛋白酶活性的抑制作用最强，两者的半数抑制浓度（IC_{50}）均为 0.17mmol/L。其余三萜类化合物如灵芝醇 F、灵芝酸 C_1、灵芝酸 α、灵芝酸 H 和灵芝醇 A 亦有类似的抑制 HIV-1 蛋白酶作用，其 IC_{50} 为 0.18 ～ 0.32mmol/L。但浓度在 0.25mm 以下，所有化合物对 HIV-1 逆转录酶活性均无抑制作用。

Min 等（1998）从灵芝孢子中提取出 10 种三萜类化合物，并观察它们对 HIV-1 蛋白酶活性的抑制作用。实验结果发现，灵芝酸 β、lucidumol B、灵芝萜酮二醇、灵芝酮三醇和灵芝酸 A 对 HIV-1 蛋白酶有较强抑制活性，其 IC_{50} 值分别为 20、59、90、70 和 70μmol/L，以灵芝酸 β 对 HIV-1 蛋白酶的抑制作用最强。灵芝酸 A、B 和 C_1 仅轻度抑制 HIV-1 蛋白酶活性，其 IC_{50} 值为 140 ～ 430μmol/L。作者还发现，羊毛脂烷型三萜类的 C-3 或 C-24 或 C-25 羟基是抗 HIV-1 蛋白酶的必须基团。

以上实验结果表明，灵芝子实体和孢子所含成分，特别是三萜类化合物在体外可抑制 HIV 增殖，灵芝的抗 HIV 作用可能与其抑制 HIV 逆转录酶和蛋白酶活性有关。这一作用机理还有待实验证实。

（张嘉莉，2019）

八

灵芝的临床应用

灵芝的现代临床研究始于 20 世纪 70 年代初，迄今为止，大量临床报告指出，灵芝制剂对慢性支气管炎、哮喘、冠心病、高脂血症、神经衰弱、肝炎、白细胞减少症和辅助治疗肿瘤等多种疾病具有较好的疗效。灵芝制剂对弥漫性或局限性硬皮病、皮肌炎、多发性肌炎、红斑狼疮、斑秃、银屑病、白塞综合征、视网膜色素变性、克山病等也有一定的疗效。此外，灵芝在保健养生方面的功效得到大众的认可，为广大亚健康人群所青睐。

（一）　治疗肿瘤的临床应用

1. 基本信息

肿瘤是指机体在各种致瘤因子作用下，局部组织细胞增生所形成的新生物，因为这种新生物多呈占位性块状突起，也称赘生物。一般认为，肿瘤细胞是单克隆性的，即一个肿瘤中的所有瘤细胞均是一个突变的细胞的后代。肿瘤的肉眼观察形态多种多样，并可在一定程度上反映肿瘤的良恶性。学界一般将肿瘤分为良性和恶性两大类。良性肿瘤细胞的异型性不明显，一般与其来源组织相似。恶性肿瘤常具有明显的异型性。近年来，恶性肿瘤治疗的方法，除了手术治疗、放疗、化疗、空气负离子理疗以外，非常令人关注的是灵芝对肿瘤的辅助治疗。灵芝的抗肿瘤作用已是国内外医药学界关注的焦点。许多临床观察证明，灵芝制剂与化学治疗或放射治疗合用时，对一些肿瘤如胃癌、食管癌、肺癌、肝癌、膀胱癌、肾癌、大肠癌、前列腺癌、子宫癌等有较好的辅助治疗效果。其疗效特点是提高肿瘤患者对化学治疗和放射治疗的耐受性；减轻化学治疗和放射治疗引起的白细胞减少、食欲不振、体重减轻、抗感染免疫力降低等严重不良反应；提高肿瘤患者的免疫功能，增强机体的抗肿瘤免疫力；提高肿瘤患者的生活质量，使体质增强。这些结果均指出，灵芝可作为肿瘤化学治疗或放射治疗的辅助治疗药物，发挥增效减毒作用。

2. 临床应用研究实例

（1）齐元富等（1999）报告灵芝孢子粉辅助化疗治疗消化系统肿瘤的临床观察。观察对象为 200 例住院肿瘤患者，均经细胞学或病理学诊断（肝癌为临床诊断）。全部病例经卡氏（Karnofsky）生活质量评分 >60 分，治疗前 1 个月内未经过抗癌治疗，且无心、肝、肾、脑功能异常和骨髓造血功能障碍。灵芝临床试验组 100 例患者中，胃癌 34 例，食管癌 25 例，肝癌 21 例，大肠癌 13 例，其他（胰腺癌、胆囊癌、胆管癌、胃恶性淋巴瘤）7 例。男性 61 例，女性 39 例；年龄 26 ～ 72 岁，平均 54.4 岁；TNM 分期：Ⅲ 期 36 例，Ⅳ 期 64 例；病程 0.2 ～ 18 个月，平均 2.3 个月。对照组 100 例，其中胃癌 32 例，食管癌 28 例，肝癌 26 例，大肠癌 9 例，其他（胰腺癌、胆囊癌、壶腹周围癌）5 例。男性 68 例，女性 32 例；年龄 24 ～ 76 岁，平均 58.3 岁；Ⅲ 期 32 例，Ⅳ 期 68 例；病程 0.2 ～ 21 个月，平均 2.7 个月。灵芝临床试验组口服灵芝孢子粉胶囊（每粒 0.25g），每次 4 粒，每日 3 次。对照组口服贞芪扶正冲剂（每包 15g），每次 1 包，每日 3 次。两组病例均服药 4 周为 1 个疗程，每例用药不少于 2 个疗程。两组患者均在每疗程开始当日行常规化疗，疗程结束后判定疗效。治疗过程中，除化疗期间适当给予静脉营养支持外，均未给升白细胞、升血小板及止吐药物。临床试验结果按 1979 年 WHO 疗效标准评定近期客观疗效、生活质量变化、体重变化、外周血象变化和免疫功能变化等五个方面的疗效。

近期客观疗效：分完全缓解（CR）、部分缓解（PR）、不变（NC）、进展（PD），其中 CR + PR 计算有效率。试验组有效率为 43% ，其中 CR 3 例、PR 40 例、NC 45 例、PD 12 例；对照组有效 33% ，其中 CR 2 例、PR 31 例、NC 48 例、PD 19 例。两组间有显著差异（$P < 0.05$）。

生活质量变化：采用卡氏评分法评定生活质量，治疗后卡氏评分提高 ≥10 分为上升，减低 >10 分为下降，上、下波动在 10 分以内为稳定。试验组生活质量上升 66 例，稳定 23 例，下降 11 例；对照组生活质量上升 49 例，稳定 19 例，下降 32 例。两组比较有显著性差异（$P < 0.05$）。

体重变化：治疗后体重增加 ≥1.5kg 为上升，减少 >1.5kg 为下降，上、下波动在 1.5kg 以内为稳定。试验组体重上升 68 例，稳定 21 例，下降 11 例；对照组体重上升 45 例，稳定 26 例，下降 29 例。两组比较有显著性差异（$P < 0.05$）。

外周血象变化：试验组治疗末白细胞恢复正常者 89 例，低于正常者 11 例；对照组恢复正常者 93 例，低于正常者 7 例。两组比较无显著差异（$P > 0.05$））。试验组血小板恢复正常者 92 例，低于正常者 8 例；对照组恢复正常者 95 例，低于正常者 5 例。两组比较无显著差异（$P > 0.05$）。

免疫功能变化：治疗后与治疗前比较，试验组 CD3（%）从 55.35 ±7.30 增至 67.23 ±6.61（$P < 0.01$），CD4/CD8 从 1.35 ±0.67 增至 1.58 ±0.44（$P < 0.05$），T 淋巴细胞转化率（%）从 60.19 ±8.05 增至 65.02 ±9.64（$P < 0.05$）；

对照组上述免疫指标治疗前后均无显著变化，而试验组治疗后与对照组治疗后比较，上述细胞免疫学指标的改善均有显著性差异（$P < 0.05$）。试验组服药期间未见明显不良反应。临床试验表明，灵芝孢子粉胶囊可作为肿瘤化疗的辅助治疗药，具有增效、减毒作用。

（2）王怀瑾等（1999）使用单一灵芝水煎剂治疗人 22 例。在 22 例恶性肿瘤病患者中，有病理学诊断的 16 例，包括肺鳞癌 8 例，浸润型乳腺癌 5 例，结肠腺癌 2 例，小细胞肺癌 1 例；符合临床诊断标准的原发性肝癌 6 例。年龄 41 ～ 70 岁，男 14 例，女 8 例。1 个月以内未进行过放疗或化疗以及生物反应修饰剂治疗，服用灵

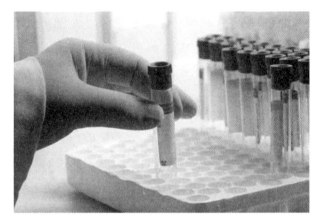

（图片来源：百度图片）

芝期间不同时应用其他生物反应修饰剂及中药。患者每日用干燥灵芝子实体 50g，加水 500mL，温火煎 30 分钟，去渣留药汁，早晚分服，共 4 周。服药前后对照检查免疫指标，包括 T 细胞亚群（CD3、CD4、CD8）、NK 细胞活性（自然杀伤细胞活性）、IL-2 活性（白细胞介素－2 活性）、吞噬功能试验（吞噬指数、吞噬率）、TNF（肿瘤坏死因子）、L 转化率（淋巴细胞转化率）；肿瘤标志酶 γ－谷氨酰转肽酶（γ-GT）；肝肾功能，血象（WBC、Pt、Hb）；影像学（CT、MTIB 超之一以上）；记录主诉症状及体征变化。以世界卫生组织标准进行评价，分为 CR（完全缓解：可见的病变完全消失，超过 4 周）。PR（部分缓解：肿块缩小 50% 以上，维持时间 4 周以上），测量可采用双径测量或单径测量（下同）。MR（好转或微效）：肿块缩小 25% 以上，但少于 50%，无新病灶出现。SD（稳定）：肿块缩小少于 25%，或增大未超过 25%，无新病灶出现。PD（进展）：肿块增大超过 25%，或出现新病灶。

临床治疗结果显示，本组 22 例中，CR 1 例，PR 2 例，MR 4 例，SD 14 例，PD 1 例，有效率 CR＋PR 为 13.16%，其中 1 例 CR 病例为结肠腺癌术后右侧胸膜转移伴少量胸水，服用灵芝水煎剂 1 个月后胸水消失，4 周后复查胸水仍无反复。本组 22 例患者中，Karnofsky 计分标准治疗前后比较结果为：升高 10 分以上者 8 例，占 36.4%；降低 10 分以上者 2 例，占 9.1%；全身乏力症状减轻者 7 例，占 31.8%。本组未发现有恶心、呕吐等消化道反应者，无肝、肾功能异常改变者，白

细胞、血红蛋白、血小板均无下降者，亦未发现心脏及神经系统出现不良反应者。治疗后 CD3、CD4、CD4/CD8 比值、NK 细胞活性、淋巴细胞转化率、IL-2 活性均比治疗前升高，CD8 则比治疗前降低，统计学处理有显著差别。而吞噬指数、吞噬率、TNF 的检测结果虽也较治疗前有所升高，但无显著性差别。服用灵芝前后 γ-GT 含量从 101.03 ± 17.79/U/L 降至 70.65 ± 15.05/UlL。γ-GT 对亲电子剂有高度亲和力与反应性能，其增高常与癌变过程的进行呈正相关，作为代表细胞癌变程度的肿瘤标志酶之一，γ-GT 在癌瘤组织及血清中的活性降低。结果表明，灵芝具有促进癌细胞向正常细胞再分化而逆转的可能。本组有效率仅为 13.6%，因为已长至很大的瘤块其负荷往往已远远超出了免疫治疗的 0 级动力学杀灭范围，而经过手术切除、放疗或化疗后的残留或微小转移病灶，则是以上三大手段难以解决的，而依靠免疫治疗可能获得良好效果。可见服用灵芝与手术、放疗及化疗协同治疗，能产生更好的抗肿瘤作用。

（3）焉本魁等（1998）观察灵芝口服液配合化疗治疗中晚期非小细胞性肺癌 56 例的临床疗效。非小细胞性肺癌病人 56 例，其中男 29 例，女 27 例，年龄平均 56.2 岁。将 56 例患者随机分为治疗组（灵芝口服液 + 化疗组）35 例，对照组（单用化疗）21 例。治疗前，治疗组和对照组平均 Karnofsky 评分分别为 60.5 分和 70 分，两组病人治疗前病情无显著性差异。灵芝口服液每次 20mL，口服，每日 3 次，1 个月为 1 疗程。化疗应用顺铂（DDP）加长春地辛（VDS）方案。临床治疗结果显示，治疗 2 个疗程后，治疗组 35 例中 CR（完全缓解）为 2 例，占 5.7%；PR（部分缓解）为 21 例，占 60%；NC（无变化）为 9 例，占 25.71%；PD（进展）为 3 例，占 8.57%；CR +PR（部分缓解）为 23 例，占 65.71%。对照组 21 例中 CR 为 1 例，占 4.76%；PR 为 8 例，占 38.14%；NC 为 10 例，占 47.62%；PD（进展）为 2 例，占 9.52%；CR +PR 为 9 例，占 42.85%；两组总缓解率比较，有显著性差异（$P < 0.01$）。治疗组（35 例）中 Karnofsky 评分增加的为 24 例，占 68.57%；稳定的为 7 例，占 20%；下降的为 4 例，占 11.43%。对照组（21 例）中评分增加的为 9 例，占 42.85%；稳定的为 8 例，占 38.10%；下降的为 4 例，占 19.05%。治疗组生活质量改善率（68.57%）与对照组（42.85%）比较有显著差异。其中，治疗组生活质量改善率优于临床缓解率。临床实验表明，治疗组有些病例虽未达到 CR 或 PR 标准，但其生活质量明显改善。治疗组治疗前后的各血象指标无明显变化，而对照组治疗前后 RBC、WBC、HGB、PLT 均有明显下降（均 $P < 0.05$），表明灵芝口服液能减轻化疗对骨髓造血功能的抑制。治疗组 T3、T4 和 T8 治疗后均有不同程度的升高，较治疗前有显著性差异（$P < 0.05$），对照组病人治疗后 T3、T4 和 T8 各有不同程度的降低，较治疗前无显著性差异（$P >$

0.05），临床治疗结果显示，灵芝口服液能增强肿瘤患者的细胞免疫功能。

（4）秦群等（1997）报告灵芝口服液配合化疗治疗恶性血液疾病的临床观察及实验研究。患者48例，男33例，女15例，最大年龄70岁，最小年龄14岁，平均年龄46.5岁。住院患者36例占75%，门诊观察12例占25%。48例中急性白血病16例，14例慢性粒细胞白血病，恶性淋巴瘤12例，多发性骨髓瘤6例。所有病例均由骨髓检查或病理学检查证实。在化疗中及化疗后服用灵芝口服液（每支10mL，含生药3g），每次口服10mL，每日3次，每疗程30天，观察2～3个疗程。疗程前后观察血象、骨髓象、肝肾功能等。临床观察结果表明，急性白血病初治12例，复发3例（另1例为强化患者），治疗后达完全缓解（CR）10例，部分缓解（PR）及进步各1例，无效2例，死亡1例，完全缓解率为66.7%，有效率达80%；慢性粒细胞白血病14例，初治及复发共12例，达CR 10例，PR及无效各1例；恶性淋巴瘤初治及复发共8例，CR 7例；多发性骨髓瘤初治5例，CR 3例，PR 2例。以上各类恶性血液疾病初治及复发的患者共40例，达CR者30例，CR率为75.0%，余下的8例为CR后来进行强化的病例，治疗期间观察未见复发。同时，MTT法检测肿瘤细胞对药物敏感性的试验结果发现，灵芝口服液对47例白血病患者白血病细胞体外抑制率为42.21±19.48%，其中11例难治、复发白血病患者的细胞经抗多药耐药P-糖蛋白单抗检查已证实为对化疗药物耐药，其抑制率为20.45±8.60%。可见灵芝在治疗恶性血液疾病方面确有一定疗效，尤其与化疗同时使用时能提高疗效，无明显副作用。但由于观察时间较短，该药能否延缓复发或延长肿瘤病人的生存期还有待进一步探讨。

（5）林能弟等（2004）观察了114例癌症（胃癌、食管癌、肺癌、肝癌、宫颈癌、结肠癌和膀胱癌）患者随机分为化疗+灵芝组（66例）和单纯化疗组（48例）进行治疗前后对照和组间比较，观察灵芝提取物配合化疗治疗癌症的疗效。对照组选用FAM化疗方案治疗。治疗组在采用对照组治疗方法外，从化疗开始至化疗以后一直服灵芝提取物胶囊，每次服4粒，每日4次，40天为1疗程。临床观察结果可见，灵芝提取物胶囊配合化疗可明显改善癌症患者的细胞免疫功能。治疗前

（图片来源：百度图片）

后化疗＋灵芝组 NK 细胞（自然杀伤细胞）活性分别为 51.24 ±7.9 和 48.10 ±7.90（$P > 0.05$）；单纯化疗组分别为 51.40 ±6.62 和 44.43 ±7.19（$P < 0.05$）；化疗＋灵芝组治疗前后 CD3、CD4、CD8 细胞亚型（％）显著改变，但单纯化疗组治疗后 CD3、CD4、CD8 细胞亚型（％）明显降低。患者的中医临床症状、生活质量亦获改善。

（6）陈永浙（1998）总结分析了 89 例恶性肿瘤患者血 T 细胞亚群的变化及灵芝胶囊治疗对其的影响。89 例患者中肝癌 24 例，胃癌 34 例，大肠癌 31 例；男性 61 例，女性 28 例；年龄 36 ～ 56 岁（平均年龄 47.5 岁）。每日服用 3 次灵芝胶囊，每次 2 粒，连服 3 个月为 1 个疗程。每个疗程前后各做一次血 T 细胞亚群测定。临床试验结果显示，3 组恶性肿瘤患者在治疗前血中的 CD4 细胞明显比正常对照组低（$P < 0.01$），而 CD8 细胞比正常对照组高（$P < 0.001$）。致使 CD4/CD8 比值也比正常对照组低。临床试验说明，恶性肿瘤患者的机体免疫功能是处于失调状态，服用灵芝胶囊治疗 3 个月后，患者的免疫功能有明显改善。

（7）Chen 等（2006）报告一项开放性试验评价灵芝多糖对晚期结肠癌患者免疫功能的影响。47 例晚期结肠癌患者均经内窥镜和病理学检查确认为Ⅲ期和Ⅳ期结肠癌；预期存活时间至少 12 周。患者每日口服灵芝 5.4g，共 12 周，服药前后测定各种免疫学指标。有 41 例病人完成试验。临床试验结果发现，经灵芝治疗的患者，对植物血凝素（PHA）的丝裂原反应、CD3、CD4、CD8 和 CD56 淋巴细胞计数、血浆 IL-2、IL-6 和 IFN-γ 水平以及 NK 细胞活性均趋于增加，而血浆 IL-1、TNF-α 水平降低。但是，灵芝治疗后的所有这些变化与基础值比较均无统计学显著性。IL-1 的变化与 IL-6、IFN-γ、CD3、CD4、CD8 和 NK 细胞活性的变化相关。而 IL-2 的变化与 IL-6、CD8 和 NK 细胞活性相关。此研究表明，灵芝对晚期结肠癌病人具有潜在的免疫调节作用。

（8）张新等（2000）观察灵芝片对肺癌患者的临床疗效。患者 29 例主要为Ⅲ～Ⅳ期肺癌患者，其中男 21 例，女 8 例，年龄 32 ～ 76（58 ±13）岁。灵芝组口服灵芝片（每片 55mg），每日 2 次，每次 2 ～ 4 片，连用 3 个月。对照组以同样剂量服用安慰剂。观察灵芝片和安慰剂对肺癌患者免疫调节、血液流变学、临床治疗效果等的影响。临床试验结果发现，服用灵芝组的患者血清肿瘤坏死因子（TNF）水平，由治疗前的 17.7 ±4.3 pg/mL 增至治疗后的 28.7 ±6.6pg/mL；对照组则分别为 14.0 ±4.9 pg/mL 和 19.1 ±13.2 pg/mL。对照组血清可溶性白介素 2 -受体水平从治疗前的 259.2 ±274.8 U/mL 增至治疗后的 500.8 ±291.0 U/mL（$P < 0.05$），而服用灵芝组患者仅从 320.9 ±310.7 U/mL 增至 371.7 ±266.6 U/mL（$P > 0.05$）；服灵芝后未见血液流变学的明显改变，仅见纤维蛋白原明显下降。所用剂量，未观察到对肝、肾功能损害等严重毒副作用。临床结果显示，灵芝对肺癌患者有免疫调节和改善血液高凝状态的作用。

（9）倪家源等（1997）报告灵芝孢子粉胶囊对脾虚证的肿瘤放化疗病人100例临床疗效的研究。临床试验的患者共160例，分为试验组100例（化疗50例，放疗50例），对照组60例（化疗30例，放疗30例）。两组性别、年龄无明显差异。临床试验结果显示，试验组和对照组肿瘤 Karnofsky 评分法有效率分别为91.0%、30.0%；中医征候积分法有效率分别为86.0%、26.7%。按脾虚征候5大症状改善达（+）以上的平均有效率分别为73.9%、15.8%；前3大主症平均有效率分别为87.4%、26.3%，两组各项有效率之间比较均有显著性差异。

（10）宋诸臣等（2006）报告薄树芝制剂联合化疗治疗中、晚期恶性肿瘤的疗效。中、晚期恶性肿瘤患者78例，随机分成两组。观察组40例肿瘤患者服用薄芝试剂联合治疗，对照组38例患者单纯化疗。两组化疗用药基本相似。临床观察结果可见，观察组化疗前后的 WBC（白细胞）无明显变化，分别为5.8±1.1和6.1±1.3（10^9/L），其他外周血象改变也不明显；而对照组化疗前后 WBC 明显下降，分别为（6.0±1.2）和（4.9±1.2）×10^9个/L，其他外周血象也明显下降。观察组患者治疗后神疲、乏力、食欲下降、恶心、呕吐、腹胀、便秘等全身不适症状明显改善，生活质量明显提高。可见薄树芝制剂具有良好的稳定化疗患者血象、改善患者全身状况、提高患者生活质量的疗效。

（11）徐中伟等（2000）观察灵芝胶囊治疗气血两虚型恶性肿瘤120例的临床疗效。120例患者经临床确诊为恶性肿瘤并附有病理或细胞学诊断，经中医辨证属气血两虚者。男性68例，女性52例。年龄29～84岁，中位年龄57.8岁。包括胃癌27例，结肠癌22例，支气管肺癌25例，乳腺癌21例，鼻咽癌5例，膀胱癌5例，甲状腺癌4例，肾癌4例，恶性淋巴癌3例，原发性肝癌2例，淋巴肉瘤和肾上腺癌各1例。患者在不中断原有治疗方法的情况下，每次口服灵芝胶囊2粒，一日3次，连服30日为1疗程。经1个月治疗后，患者的临床症状均有较大程度改善。按治疗后症状积分计算，120例中治愈者0例，显效者42例（占35%），有效者57例（占47.5%），无效者21例（占17.5%），总有效率为82.5%。治疗前后积分比较显示，灵芝胶囊对改善肿瘤病人气血虚弱有较好的治疗效果，其总有效率为82.3%～86.4%。治疗期间观察及治疗后对部分病人进行随访，病人服药后未诉有不良反应。临床试验结果表明，灵芝对气血两虚证所致神疲乏力有较好的改善效果，似有增加体力、改善睡眠的功效。

（12）周建等（2001）观察灵芝袋泡剂在肿瘤辅助治疗中的作用。患者309例，临床明确诊断为恶性肿瘤的中晚期病人，其中治疗组155例，对照组154例；

2组病人入院时全身状态、白细胞总数、粒细胞计数、食欲状况及化疗方案基本相似，化疗前白细胞总数比较无显著性差异（$P > 0.05$）。2组患者的化疗方案、化疗程序及类似止吐药和升白细胞药物辅助基本相同。治疗组在化疗前3天开始泡饮灵芝袋泡剂，每次2～4 g，每日2次，连用15～20日。疗效指标：恶心呕吐分级：0

（图片来源：百度图片）

级为无恶心呕吐，Ⅰ级为每日呕吐1～2次，Ⅱ级为每日呕吐3～4次，Ⅲ级为每日呕吐≥5次。进食情况分度：Ⅰ度为几乎不能进食或食量少于正常一半，Ⅱ度为食量为正常一半，Ⅲ度为正常进食。周围血象变化：化疗前及化疗后每隔3日检测周围血象，连测3～4次。临床观察结果显示，化疗后，治疗组呕吐反应分别为0级59例、Ⅰ级77例、Ⅱ级16例、Ⅲ级3例，而对照组分别为31例、92例、25例、6例。治疗组进食量Ⅰ度17例、Ⅱ度81例、Ⅲ度57例，对照组分别为39例、74例、41例。治疗组比对照组白细胞总数下降例数亦少。临床观察结果表明，灵芝袋泡剂能减轻化疗后呕吐反应，促进食欲，具辅助治疗作用。

（13）黄建明等（2001）探讨了灵芝合剂与CD3AK细胞合用对肺癌的临床疗效。CD3抗体激活的杀伤细胞（CD3AK细胞）由于其扩增速度快，细胞毒活性及体内抗肿瘤活性均明显优于淋巴因子活化的杀伤细胞（LAK细胞），因而CD3AK细胞比LAK细胞更适合于肿瘤的过继免疫治疗。临床试验的患者26例，经病理证实为非小细胞肺癌，不愿接受化疗、放疗的患者，14例接受CD3AK细胞治疗（A组），其中男12例，女2例，年龄48～73岁，平均年龄60.29岁，鳞癌12例，腺癌2例。12例接受CD3AK细胞治疗的同时服用灵芝合剂（B组），其中男10例，女2例，年龄51～71岁，平均年龄60.92岁，鳞癌11例，腺癌1例。两组资料均衡性检验，无显著差异，有可比性。患者在治疗前及治疗1个月后采用放射免疫分析法测定癌胚抗原。灵芝合剂以灵芝、黄芪、党参为主组方，每日1剂，水煎服。CD3AK细胞/脂质体IL-2疗法：采患者外周血，分离、培养CD3AK细胞，然后回输给患者。同时每天肌注脂质体白细胞介素-2 10000U，30天为1疗程。临床治疗结果显示，26例患者经治疗后，咳嗽、咳痰、咯血、胸闷等症状明显改善。在接受CD3AK细胞治疗的14例患者中，X线显示的肿块影像有8例缩小，6例不变。在接受 CD3AK 细胞治疗同时服用灵芝合剂的 12 例患者中，X 线显示的肿块影像有 7 例缩小，5 例不变，但两组患者的"复发"（指肺癌的症状如咳嗽、咳痰、咯血、胸闷等加重；X 线显示肿块影较前增大；血清癌胚抗原、唾液酸、β_2 - 微球蛋白等生化指标升高）时间有所不同，CD3AK 细胞治疗组为 7.82 ±3.59 个月，而接受 CD3AK 细胞治疗同时服用灵芝合剂组为 13.26 ±5.5 个月，差别有显著意义（$P < 0.01$）。A 组、B 组治疗前后血清癌胚抗原含量均有显著差异，而两组间差别无显著意义。两组病例的中位生存期以接受 CD3AK 细胞及灵芝合剂治疗组较长，为 19.38 个月，单纯接受 CD3AK 细胞治疗组较短，为 15.28 个月。接受 CD3AK 细胞及灵芝合剂治疗组的平均生存时间为 23.5 ±14.39 个月，单纯接受 CD3AK 细胞治疗组为 15.75 ±8.30 个月，差别有显著意义（$P < 0.05$）。临床治疗结果表明，灵芝、黄芪、党参等中药与 CD3AK 细胞合用，可增强 CD3AK 细胞对肺癌的临床疗效。联合应用复方中药与过继免疫疗法是肺癌的一种安全有效的综合疗法。

3. 讨论

肿瘤患者通常采用手术切除、化学治疗和放射治疗，但是切除肿瘤组织或杀死肿瘤细胞，并不能完全避免肿瘤转移，也不能彻底清除肿瘤细胞。相反，手术带来的损伤和化学治疗或放射治疗的毒性还可降低机体的抗肿瘤免疫力，并对骨髓、消化系统、肝、肾等重要器官产生毒性，甚至因此直接或间接导致患者死亡。这也就是俗话所说的放射治疗或化学治疗"敌我不分"的后果。按中医治疗原则来看，肿瘤的手术切除、化学治疗和放射治疗只重视了"祛邪"，而忽视了"扶正"，甚至伤及正气，因而出现上述与治疗目的不相符的结果。灵芝在肿瘤化学治疗和放射治疗中的作用，恰好是弥补了这两种疗法的不足，即扶持了正气，真正做到了"扶正祛邪"。灵芝的扶正固本作用可能是通过增强机体抗肿瘤免疫力、促进骨髓造血功能、拮抗放射治疗或化学治疗引起的组织损伤而实现的。个别肿瘤患者经灵芝治疗后能长期带瘤生存，也是由于灵芝增强机体抗肿瘤免疫力，限制了肿瘤进一步发展和转移的结果。

（图片来源：百度图片）

◯ (二) 治疗肝炎的临床应用

1. 基本信息

肝炎是肝脏炎症的统称，是指由多种致病因素，如病毒、细菌、寄生虫、化学毒物、药物、酒精、自身免疫因素等使肝脏细胞受到破坏，肝脏的功能受到损害，引起身体一系列不适症状，以及肝功能指标的异常。由于引发肝炎的病因不同，虽然有类似的临床表现，但是在病原学、血清学、损伤机制、临床经过及预后、肝外损害、诊断及治疗等方面往往有明显的不同。通常大家在生活中所说的肝炎，多数指的是由甲型、乙型、丙型等肝炎病毒引起的病毒性肝炎。肝炎包括病毒性肝炎和非病毒性肝炎两大类。根据感染病毒类型不同，病毒性肝炎至少可分为甲、乙、丙、丁、戊型五种类型。其中甲型和戊型主要表现为急性肝炎，乙、丙、丁型主要表现为慢性肝炎，并可发展成肝硬化和肝癌。非病毒性肝炎主要是由乙醇、化学毒物或药物引起的中毒性肝炎。病毒性肝炎的治疗包括抗病毒、调节免疫和保肝。尽管目前已有一些抗病毒药如干扰素、干扰素诱导剂，但疗效不够理想，且不良反应较多。据现有的文献报道，灵芝无明显的抗肝炎病毒作用，但具有免疫调节作用和保肝作用，因而作为保肝药物在病毒性肝炎和乙醇、药物中毒性肝炎的治疗中有一定意义。其疗效表现为主观症状如乏力、食欲不振、腹胀及肝区疼痛减轻或消失。肝功能检查如血清丙氨酸氨基转移酶恢复正常或降低。肿大的肝、脾恢复正常或有不同程度的缩小。临床上灵芝与一些能损害肝脏的药物合用，可避免或减轻药物所致肝损伤，保护肝脏。

2. 临床应用研究实例

（1）湖南省人民医院用灵芝糖浆治疗肝炎患者 50 例（慢性 47 例，急性 7 例），每次口服 20 ～ 40mL，每日 3 次。服药 2 个月后，49 例有效，其中痊愈（体征及自觉症状消失，肝功能检查恢复正常）6 例，显效（自觉症状消失，肝脏缩小，肝功能检查接近正常）19 例，好转（症状及体征减轻）27 例。计显效以上占 44%，总有效率达 98%。

（2）湖南中医学院附属二院内科曾报告用灵芝糖浆治疗无黄疸型肝炎 41 例（其中 26 例为住院患者，15 例为门诊患者）。每次口服灵芝糖浆 20mL，每日 3 次。部分病例还并用中药及其他保肝药。比较治疗前后的症状、物理检查（肝脾大小、硬度、压痛）及实验室检查（肝功能、血小板及白细胞计数、尿常规等）来判断临床疗效。临床试验结果显示，符合临床痊愈者（症状、体征及肝功能均恢复正常，肝脏缩小至肋下 1cm 以内）22 例，占 53%；显效者［（症状减轻，SGPT（血清谷丙转氨酶）］降至正常或接近正常，肝、脾较前缩小 1cm 以上）7 例，占 17%；进步（症状减轻，肝功能较前稍好转，SGPT 降低超过原来一半以上，但仍在 100U 以上，肝脾肿大无明显改变）11 例，占 27%；无效 1 例，占 3%。41 例中治疗前 SGPT 超过 300U 者 25 例（其中 9 例在 500U 以上），经 1～3 个月治疗后，23 例均降至正常。18 例住院患者肝脾肿大在 1.5cm 以上，最大者在肋下 7cm，治疗后 5 例缩小到 1cm 以内，5 例有不同程度缩小，8 例无变化。18 例住院患者，治疗前血小板低于 10 万/mm³，治疗后有 9 例上升至 10 万/mm³ 以上，其余改变不明显。

（3）北京积水潭医院内科曾用灵芝蜜丸治疗各种肝炎 35 例。在 35 例患者中，急性肝炎 6 例，迁延性肝炎 26 例，慢性肝炎 3 例。诊断及疗效评定均按北京市肝炎协作组所定标准进行。患者每次服灵芝蜜丸（每丸含灵芝子实体 1.5g）1 丸，每日 2 次，疗程至少 1 个月以上。服用灵芝期间不用其他保肝药物，临床治疗结果为显效 5 例，有效 10 例，总有效率 42.8%。对急性肝炎的疗效似优于迁延性肝炎，对 3 例慢性肝炎均无效。对各种肝炎的症状性疗效均较好，35 例患者中，有 25 例患者的乏力、食欲不振及腹胀等症状消失或改善，其中 11 例肝区疼痛消失。

（4）福建泰宁县医院与清流县医院比较灵芝（深层培养液）糖浆和西药对病毒性肝炎的临床疗效。服用灵芝糖浆组 83 例患者，每日口服灵芝糖浆 45～60mL，共 1 个月，总有效率达 95.2%，而西药对照组 30 例患者总有效率仅为 80%，两组间有显著差异。

（5）胡娟（2001）报告 86 例按 1995 年全国病毒性肝炎学术会议标准诊断为慢性乙型肝炎患者服用灵芝胶囊的治疗效果。治疗期间，除应用甘利新、苦黄、菌栀黄、促肝细胞生长素、葡醛内酯等药物之外，均不用其他抗病毒药及免疫调节药物。灵芝胶囊治疗组 86 例口服灵芝胶囊（每粒含天然灵芝 1.5g），每次 2 粒，每日 3 次；对照组 50 例口服小柴胡汤冲剂，每次 1 包，每日 3 次。用药 1～2 个月。疗效指标：包括临床症状和体征、谷丙转氨酶（ALT）、血清胆红素（SB）、乙型肝炎病毒标志物（HBsAg、HBeAg、抗－HBc）。临床治疗结果显示，治疗组纳差（食量减少）缓解 94.2%（81/86）、乏力减轻 93.0%（80/86）、腹胀消失 92.3%

（48/52）、肝肿大回缩45.8%（22/48）、脾肿大回缩42.9%（12/28）；对照组上述指标改善分别为78.0%（39/50）、80.0%（40/50）、70.0%（28/40）、24.2%（8/33）、26.3%（5/19），两组间有显著差异。临床试验结果表明，灵芝胶囊用于治疗慢性乙型肝炎有较好疗效。

（6）钟建平等（2006）比较拉米夫定（LAM）联合灵芝与单用LAM治疗慢性乙型肝炎（乙肝）的疗效。诊断均符合2000年9月中华医学会第10次全国病毒性肝炎及肝病学术会议修订的病毒性肝炎防治方案中的诊断标准，并符合HBeAg、HBV DNA阳性、ALT升高2～3倍正常上限、TBil<3倍正常上限者。剔除标准：①重叠感染HAV、HCV、HEV、HDV、HGV者；②自身免疫性肝病者；③合并脂肪肝者；④有糖尿病等并发症者。按1：1比例随机将126例患者分为LAM组和联合组，每组63例，两组在年龄、性别、病程、口服一般保肝药及母亲HBVM阳性构成方面，差异均无统计学意义。LAM组63例，每日口服LAM100mg；联合组63例，每日口服LAM 100mg并加中药灵芝50g，红枣10g。治疗18个月后，联合组ALT为63±17U，明显好于LAM组的83±21U；联合组TBil为21.5±8.3tμmol/L，LAM组为25.9±10.3μmol/L，两组比较差异有显著性（$P<0.01$）；两组患者治疗后HBeAg转阴率及HBeAg/抗－HBe血清转换率的比较，治疗18个月后，联合组HBeAg转阴率及HBeAg/抗－HBe血清转换率均高于LAM组，显著性差异为$P<0.05$；联合组HBV DNA转阴率3、6、12、18个月分别为50/63、56/63、59/63、57/63，LAM组分别为43/63、50/63、48/63、42/63，联合组均明显优于LAM组，显著性差异均为$P<0.01$。LAM组YMDD变异发生率6、12、18个月分别为11.59%、23.81%、3.3.33%，联合组6个月分别为0、6.35%、9.52%，明显比单用LAM组低，显著性差异为$P<0.05$。临床试验结果指出，灵芝联合拉米夫定治疗慢性乙型肝炎比单用拉米夫定疗效好，且能延缓和减少在拉米夫定治疗中易出现的YMDD变异现象的发生，阻止乙肝病毒复制，并有明显改善肝功能的作用。

3. 讨论

灵芝治疗肝炎的机制已被大量药理研究阐明，四氯化碳（CCl_4）、d1－乙硫氨酸、D－氨基半乳糖等肝脏毒物进入体内，均可使实验动物迅速发生中毒性肝炎，除出现明显的肝功能障碍如丙氨酸氨基转移酶（ALT）活性升高外，并出现中毒性肝炎的典型病理组织学变化。给予灵芝子实体、菌丝体和孢子的提取物可明显改善实验动物的肝功能，并减轻病理组织学改变。从灵芝子实体中提取的三萜类化合物除对CCl_4和D－氨基半乳糖引起的肝损伤有明显的保护作用外，还对卡介苗

（BCG）＋脂多糖（LPS）引起的免疫性肝损伤有明显保护作用，可降低免疫性肝损伤动物的血清 ALT 和肝脏的甘油三酯（TG）。灵芝三萜类的保肝作用与其抗氧化作用密切相关，灵芝三萜类可使因肝损伤升高的脂质过氧化产物丙二醛（MDA）降低，而使肝损伤时降低的肝脏超氧化物歧化酶（SOD）活性和还原型谷胱甘

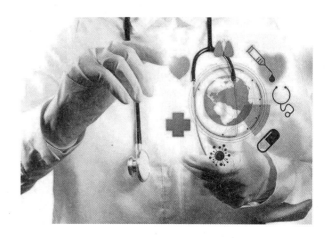

（图片来源：百度图片）

肽（GSH）含量显著升高。灵芝三萜类化合物还可使免疫性肝损伤时升高的一氧化氮（NO）水平降低。药理研究还证明，灵芝所含多糖具有抗肝纤维化作用。

据文献报道，灵芝的免疫调节作用亦参与其防治肝炎的机制。灵芝不仅能增强单核巨噬细胞、NK 细胞和 T、B 淋巴细胞的功能，还能促进免疫细胞因子如白介素 2、干扰素 γ 的合成和释放，进而纠正肝炎时的免疫功能紊乱，并通过免疫细胞和细胞因子如 IFNγ 杀灭肝炎病毒。

⚪（三）治疗慢性支气管炎和哮喘的临床应用

1. 基本信息

灵芝制剂目前已被广泛用于治疗慢性支气管炎、哮喘和过敏性鼻炎，并且疗效显著。在临床研究和应用方面有下列特点：

（1）因各个医院的诊断标准、疗效指标、所用制剂及用药方法不尽相同，因此各临床报告的疗效百分数有很大差异。根据北京市防治慢性病气管炎灵芝协作组、北京市慢性支气管炎疗效机制研究协作组、河北省藁城县医院、河南医学院附一院慢性气管炎防治小组、南昌市人民医院、四川抗生素工业研究所、福建医大慢性气管炎防治研究组和广西中医学院第二附属医院等单位的临床应用研究，灵芝制

剂对慢性支气管炎的疗效总有效率最高可达97.6%，最低为60.0%，多在80%左右。显效率（包括临床控制和近期治愈）则波动在20.0%～75.0%之间。对喘息型病例的疗效较单纯型病例的疗效高。

（2）灵芝制剂的疗效出现普遍较慢，多在用药后1～2周生效。少数病例生效更迟。因此，在临床应用时，延长疗程可使灵芝的疗效提高。

（3）灵芝制剂对慢性支气管炎的咳、痰、喘三种症状均有一定疗效，但对喘的疗效尤其显著。医疗报告指出，用灵芝酊剂和煎剂治疗64例哮喘患者，总有效率达87.5%，其中48%临床症状完全消失。灵芝深层培养菌丝的乙醇抽提物对儿童哮喘有较好的疗效，有效率80%，显效及痊愈达46.7%。用紫芝糖浆治疗125例哮喘型支气管炎取得较好疗效。服法为3岁以内日服5mL，4～9岁日服8mL，10～15岁日服10～15 mL，15岁以上日服20mL。疗程2个月。少数严重者服药两个疗程。结果总有效率95%，痊愈率32%，显效率为39%。

（4）灵芝制剂对中医分型属于虚寒型及痰湿型患者疗效较好，肺热型及肺燥型疗效较差。

（5）灵芝制剂有明显的强壮作用，多数病人用药后体质增强，主要表现为睡眠改善、食欲增加、抗寒能力增强、精力充沛、较少感冒等。追访停药半年到一年的病例可见，经灵芝制剂治疗后，疗效稳定，冬季较少急性发作或发作较轻，一部分患者进而达到临床治愈。

（6）临床应用证明，灵芝制剂极少不良反应。临床检验表明，灵芝对心、肝、肾等重要脏器无明显毒性作用。这与中医药学古籍所载灵芝"温平无毒"是一致的。极少数患者在服用灵芝制剂后，可见口干、舌苦、咽干、便秘等不良反应，一般不须停药，在用药过程中便自行消失。

2. 临床应用研究实例

（1）北京市防治慢性支气管炎灵芝协作组（1978）先后对灵芝的临床疗效机制进行了探讨，临床研究结果发现，在虚寒型病例中，用薄树芝深层培养液（发酵液）有效者，水试验与冷压试验正常率有所增加，而尿17－羟皮质类固醇却有所下降；无效者前两项指标的正常率均有所下降，而尿17－羟皮质类固醇在治疗前后基本未变。此结果似反映"虚寒型"患者存在着肾上腺皮质功能障碍，而灵芝制剂能使之趋于正常。

（2）四川医学院附属医院内科用灵芝糖浆，对38例慢性气管炎肺心病患者进行扶正固本治疗，并观察其对肾上腺皮质机能的影响，经半年用药后，患者尿17－羟皮质类固醇、血糖、血氯、血钠均较治疗前显著升高，临床显示，灵芝糖浆对改善肾上腺皮功能有一定作用。

（3）北京市防治慢性支气管炎灵芝协作组（1978）观察灵芝对 20 例痰湿型慢性支气管炎患者痰 IgA（免疫球蛋白 A）含量的影响，发现在服用灵芝 4 个月后，痰内 IgA 含量普遍升高。临床试验表明，灵芝具有提高支气管黏膜局部防御功能或修复支气管黏膜损伤的能力。对以脾虚证为主的慢性支气管炎病人在服用灵芝前后进行冷压试验。在服用灵芝有效的 45 例中，从血压反应异常转向正常者有 19 例，占 42.2%；在服用灵芝无效的 13 例中，异常血压反应转为正常者 2 例，占 15.4%。20 例以脾虚见证为主的慢性支气管炎患者，在服用灵芝 4 个月后，全血胆碱酯酶活性显著下降。这一结果似反映中医脾虚证者多具迷走神经功能亢进，服用灵芝制剂后能得到改善。

3. 讨论

以上这些结果指出，灵芝防治慢性支气管炎的疗效并非一般的对症治疗，也不是直接抗感染作用，而是其扶正固本作用的结果。中医理论认为健康和疾病均属于正邪相争的不同状态，健康是由于"正气存内，邪不可干"，但此时并不一定无邪；而疾病则是"邪之所凑，其气必虚"，但治疗疾病不一定要彻底消除外邪，只要达到"邪不可干"即可。慢性支气管炎是气管、支气管黏膜周围组织的慢性炎症疾病，其发病机制复杂，与感染因素、环境因素、免疫功能障碍等有关，其中细菌感染、大气污染是外邪，免疫功能障碍则反映正气虚衰。因而治疗则应扶正祛邪。药理研究结果证明，灵芝能增强机体的非特异性免疫功能，如促进抗原递呈细胞如树突状细胞的增殖、分化及其功能，增强单核—巨噬细胞与自然杀伤细胞（NK 细胞）的吞噬功能。灵芝还能增强体液免疫和细胞免疫功能，如促进免疫球蛋白生成，增加 T 淋巴细胞和 B 淋巴细胞增殖反应，促进细胞因子白介素 1、白介素 2 以及干扰素 γ 产生等。在各种原因引起的免疫功能低下时，灵芝还能使低下的免疫功能恢复正常。灵芝抑制主动致敏皮肤过敏反应和被动致敏皮肤过敏反应，以及抑制过敏反应介质释放的作用则可降低致敏原诱发的免疫性炎症反应。此外，灵

（图片来源：百度图片）

芝还能保护气管的纤毛上皮细胞、杯状细胞和软骨组织，减轻吸入烟雾引起的慢性炎症病理改变。

灵芝防治慢性支气管炎的疗效主要从两个方面发挥作用，其一是增强机体重要器官系统的功能，如强心、保肝、促进造血、增强免疫功能等；其二是通过神经系统、内分泌系统和免疫系统的调节作用以及它们之间的相互调节，协调机体的动能活动，使之能适应内外环境的改变，减轻各种致病因素对机体的损害，提高机体的抗病能力。

●（四）　治疗冠心病和高脂血的临床应用

1. 基本信息

冠心病是一种最常见的心脏病，是指因冠状动脉狭窄、供血不足而引起的心肌机能障碍或器质性病变。世界卫生组织对冠心病分类为无症状性心肌缺血、心绞痛、心肌梗死、缺血性心肌病、猝死等五个类型。冠状心脏病通常发生在胆固醇在动脉壁上堆积，形成斑块，导致动脉变窄，减少了通向心脏的血流量。有时会发生血块阻碍血液流向心脏。冠心病常见病因为心绞痛、胸痛、气短、心肌梗死或心脏病发作。冠心病多见于中老年人，其发病与血脂含量异常（血胆固醇、甘油三酯、低密度脂蛋白升高、高密度脂蛋白降低）、高血压、糖尿病、肥胖、吸烟、遗传因素等有关。主要表现为冠状动脉供血不足，急性、暂时性缺血、缺氧，导致心绞痛。若持久的缺血、缺氧可致心肌坏死，即心肌梗死。这些都是心肌的血液和氧的需求间的平衡障碍所致。灵芝制剂对冠心病、心绞痛及高脂血症有一定疗效，一般与原用的治疗药物合用可发挥协同作用。

2. 临床应用研究实例

（1）原成都军区总医院用灵芝糖浆治疗冠心病心绞痛共 29 例，其中 5 例为合并高血压病，15 例为血胆固醇高（200mg/100mL），每次口服灵芝糖浆 5 ～ 10mL，每日 3 次，4 周为一疗程，部分病例治疗 2 ～ 3 个疗程。除个别病例合并应用硝酸甘油或降压药外，均单独应用灵芝糖浆。临床应用结果显示，灵芝糖浆治疗冠心病心绞痛的显效率为 24.1%，总有效率为 79.1%。对心电图缺血性改变的显效率为 7.6%，总有效率为 69.1%。血清胆固醇下降 21mg/100mL 以上者共 18 例，占总检查例数的 47.3%，波动在 20mg/100mL 以内者占 28.9%，上升 21mg/100mL 以上者占 23.8%。

（2）北京中医研究院东直门医院用灵芝酊治疗 39 例冠心病心绞痛患者。所有病例均按北京地区防治冠心病协作组拟定的标准诊断并判断疗效。除 1 例外，均为轻、中度患者，其中 29 例合并高血压，6 例合并陈旧性心肌梗死。患者每次口服 10%～20% 灵芝酊 10mL，每日 3 次，疗程均在 6 个月以上。临床应用结果表明，灵芝酊对冠心病心绞痛的显效率为 43.5%，总有效率为 89.6%，无效者为 10.4%。总有效率及显效率皆以病情属轻度者为高，分别为 95.0% 和 57.1%。按中医分型对心气虚、心阴耗损型的有效率较其他型为高，但显效率又以心气虚型最高。心电图异常的 32 例中，显效占 18.7%，好转占 40.6%，总有效率 59.3%，心电图显效及好转者，心绞痛亦表现为显效及改善。治疗后复查血脂亦见改善。31 例复查血清胆固醇者中，下降 >200mg/100mL 者 23 例，占 73.7%；上升 >20mg/100mL 者 1 例，占 3.4%；波动于 ±20mg/100mL 以内者 7 例，占 23.3%。30 例复查血清 β－脂蛋白者中，下降 >50mg/100mL 以上者 22 例，占 73.3%；上升 > 50mg/100mL 者 6 例，占 20%；波动在 ±50mg/100mL 以内者 2 例，占 6.7%。此组病例中，治疗前经常服用硝酸甘油或复方硝酸甘油者 25 例，治疗后停服者 18 例，占 72%；减量者 3 例，占 12%；总停减率为 84%。对合并高血压者，除个别病人有轻微降压作用外，其余皆无明显影响。治疗后除心绞痛症状缓解外，对头痛、头晕、心悸、气短、胸闷、疲乏、肢凉怕冷、自汗或盗汗、五心烦热、睡眠、食欲等均有不同程度的改善。极少数病人用灵芝酊后出现口鼻干燥、发痒的副作用。

（3）四川医学院等单位用灵芝糖浆治疗 295 例冠心病患者。剂量为每日口服 12～20mL，共 3～6 个月。经治疗后，180 例有心绞痛症状者中，显效 66 例，改善 77 例，总有效率 78.4%。平静时心电图显示有心肌损害的 50 例患者中，治疗后显效 15 例，改善者 7 例，总有效率为 44%。93 例伴有高血压病患者，治疗后仅有 9 例有显著降压疗效，13 例改善，总有效率 23.6%。271 例给药前后测定血清胆固醇含量，血清胆固醇下降的总有效率为 63.8%，其中显效（下降 >50mg/100mL）98 例，中效（下降 31～50mg/100mL）42 例，低效（下降 11～30mg/100mL）31 例。100 例用药前后测血甘油三酯的变化，结果甘油三酯下降的总效率为 54%。灵芝糖浆对血脂的影响与用药前血脂水平有关，用药前血清胆固醇及甘油三酯水平越高者，疗效越显著。灵芝糖浆亦使患者睡眠、食欲、体力改善。少数病人用药后出现胃肠道不适、头痛、口干、心慌，一例患者出现荨麻疹，停药后即恢复。

（4）据四川抗生素工业研究所报告，用灵芝糖浆治疗高胆固醇血症120例的临床疗效。该组病例系确诊为冠状动脉硬化的心脏病患者、冠心病伴高血压高胆固醇血症患者及血浆胆固醇高于200mg/100mL的其他病种患者，每次口服灵芝糖浆4～6mL，每日2～3次，连服1～3个月。结果显效者（血浆胆固醇下降＞50mg/100mL）55例，占46%；中效者（血浆胆固醇下降31～50mg/100mL）31例，占26%；低效者（血浆胆固醇下降10～30mg/100mL）17例，占14%；总有效率86%。有效病例多在用药1个月后即有较明显下降，少数患者用药2～3个月才见下降。停药之后复查胆固醇值，多数病例仍保持疗效，少数人有所回升。在用药过程中，心悸、气急、心前区痛及水肿等症状有不同程度的改善。

（5）北京友谊医院内科观察灵芝糖浆治疗冠心病高脂血症15例，其中11例有轻度心绞痛症状，3例心电图显示慢性冠脉供血不足。服药前胆固醇250～300mg/100mL者9例，301～350mg/100mL者6例；β－脂蛋白＞80mg/100mL者6例，＜70mg/100mL者仅2例。灵芝糖浆每次口服20mL，每日2次，共服药10～14周，服灵芝期间停用一切降脂药物。治疗结束后，胆固醇低于200mg/100mL者6例，降低＞100mg/100mL者4例，降低＞50mg/100mL者14例；β－脂蛋白＜70mg/100mL者6例。停药1个月后随访9例，仅3例患者胆固醇及β－脂蛋白重新升高，其余6例保持正常水平。此组患者应用灵芝后，除血脂降低外，有2例心绞痛好转，多数病人食欲增加，睡眠好转。

（6）中华医学会南京分会心血管病分会用灵芝舒心片治疗冠心病103例，对心绞痛症状、心电图异常和高脂血均有一定疗效。90例有心绞痛症状的患者中，治疗后症状消失者76例，有效率84%。心电图异常的35例患者中，治疗后有18例改善，有效率51.4%。

（7）湖南医学院第二附属医院等用灵芝舒心片治疗31例冠心病患者，对心绞痛症状、心电图异常和高脂血均有一定疗效，有效率分别为77.8%、65.2%和66.7%。

（8）Cheng等（1992）临床观察灵芝对33例伴有高血脂的高血压病、脑血栓后遗症和冠心病患者的血液流变学的影响。每次口服灵芝提取物110mg，每日4次，共2周。服用灵芝提取物后，患者的全身症状如头痛、目眩、失眠、胸闷和肢麻明显改善，17例治前伴有高血压者，治后收缩压和舒张压均显著降低。用药后患者的血液流变学显著改善，如全血黏度降低，其中高切变率全血黏度降低者占78.8%．低切变率全血黏度降低者占72.2%；血浆黏度降低者占78.8%。用药期间极少副作用，仅有2例患者主诉有心悸，1例失眠。临床观察结果指出，灵芝通过影响血液流变学，可减少血栓形成，改善脏器的供血，可用于预防伴有高血黏度的心脑血管疾病。

3. 讨论

上述临床应用结果表明，灵芝制剂对冠心病高脂血症的疗效主要表现在下列 6 个方面：

（1）灵芝制剂能缓解或减轻心绞痛症状，减少抗心绞痛药的用量，甚至可停止用药。

（2）患者心肌缺血性变化可因使用灵芝制剂而好转或改善，且与心绞痛症状疗效有一定的平行关系。

（3）灵芝制剂具有降血脂作用，能不同程度地降低血清胆固醇、甘油三酯和 β－脂蛋白。

（4）灵芝制剂能降低患者全血黏度和血浆黏度，使心脑血管疾病患者的血液流变学障碍得以改善。

（5）患者服用灵芝制剂后，除原有的心悸、气紧、头痛、头晕、水肿等症状减轻或缓解外，多数患者的食欲、睡眠和体力亦有明显的改善，副作用少。

（6）灵芝制剂治疗冠心病高脂血症的疗效尚与病情轻重、用药剂量及疗程长短等有关，一般病情属轻、中度患者疗效高，剂量较大、疗程较长者疗效较好。

灵芝的降血脂作用也在药理实验中得到证明，灵芝可降低血清胆固醇、低密度脂蛋白（LDL），降低肝脏中甘油三酯的含量。相反，可升高血清高密度脂蛋白（HDL）。一些细胞分子生物学研究结果还证明，灵芝能显著抑制 LDL 的氧化，减轻由氧化型 LDL 诱导的单核细胞对血管内皮细胞的黏附作用和血管内皮细胞表面黏附分子的表达，从而防止动脉硬化的形成。灵芝所含三萜类可抑制胆固醇吸收，并抑制胆固醇合成过程中的限速酶 3－羟－3－甲戊二酸单酰辅酶 A 还原酶，并因此抑制胆固醇合成。

根据药理研究提供的证据显示，灵芝对冠心病、心绞痛的疗效，可能是由于灵芝能增强心脏功能，提高心肌对缺血的抵抗力；增加冠脉血流量，改善心肌微循环；抑制血小板聚集，防止血栓形成；抗氧化

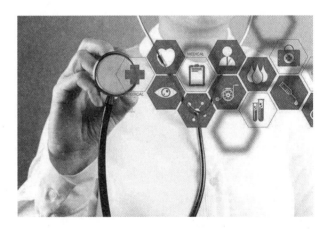

（图片来源：百度图片）

和清除氧自由基作用；抑制血管内皮细胞生长因子（VEGF）的表达，抑制血管内皮细胞增殖，减轻血管内皮细胞的损伤；调节血脂，减轻动脉粥样硬化程度。目前常用的化学合成降血脂药物，大多会引起肝的损伤，灵芝的保肝作用可防止或减轻这些药物引起的肝损伤。

（五）治疗高血压的临床应用

1. 基本信息

高血压是指以体循环动脉血压增高为主要特征（收缩压≥140 mmHg，舒张压≥90 mmHg），可伴有心、脑、肾等器官的功能或器质性损害的临床综合征。高血压是最常见的慢性病，也是心脑血管病最主要的危险因素。正常人的血压随内外环境变化在一定范围内波动。整体人群的血压水平随年龄逐渐升高，以收缩压更为明显，但50岁后舒张压呈现下降趋势，脉压也随之加大。近年来，人们对心血管病多重危险因素的作用以及心、脑、肾靶器官保护的认识不断深入，高血压的诊断标准也在不断调整。目前，认为同一血压水平的患者发生心血管病的危险不同，因此有了血压分层的概念，即发生心血管病危险度不同的患者，适宜血压水平应有不同。高血压病是中老年人群中常见的一种心血管疾病，是导致心脑血管疾病、卒中的主要原因。

2. 临床应用研究实例

（1）江西灵芝协作组曾用灵芝煎剂治疗三组高血压病患者，共84例，有降压和改善症状作用，降压有效率可达87%～98%。

（2）福建泰宁县医院等单位用野生灵芝（紫芝及黑芝）煎剂（每日10g，水煎服，每一疗程15日）治疗30例高血压病患者，按全国"三高"座谈会拟定的治疗标准，总有效率83.3%，显效率46.6%，以Ⅰ期高血压病疗效较高。

（3）原成都军区总医院用灵芝糖浆治疗高血压病18例，显效11例，改善5例，总有效率达88.9%。

（4）日本Kanmatsuse等（1985）观察灵芝对原发性高血压病的疗效。53例患者分为两组，甲组为原发性高血压病患者，乙组为血压正常或轻度高血压病患者。所有患者均每日口服冻干灵芝提取物片 6 片（每片 240mg），共服药 180 日。结果甲组患者的血压显著降低。其中 10% 患者收缩压降低 20～29mmHg，47.5% 收缩压降低 10～19mmHg，17.5% 舒张压降低 10～14mmHg，42.5% 舒张压降低 5～9mmHg。甲组治疗前平均血压（收缩压/舒张压）为（156.6/103.5mmHg），经灵芝治疗 6 个月后，降至 136.6/92.8mmHg。乙组患者服用灵芝 6 个月，未见明显降压作用。此外，服用灵芝后，血清总胆固醇、低密度脂蛋白（LDL）降低，但高密度脂蛋白（HDL）无改变。

（5）Jin 等（1996）报告了灵芝并用降压药治疗高血压及其对动脉、小动脉和毛细血管压以及微循环的影响。患者 54 例（男 34 例，女 20 例）按世界卫生组织诊断标准为原发性高血压病的患者平均年龄（58.6±8.2）岁。所有患者均采用包括卡托普利（25mg，每日 3 次）或尼莫地平（20mg，每日 3 次）在内的常规治疗不少于 1 个月且无效后，再合并应用灵芝片治疗。灵芝片系灵芝热水提取物冻干制成，每片含提取物 55mg，相当于灵芝子实体 1.375g。患者在原治疗的基础上，服灵芝片或安慰剂片 2 片，每日 3 次。54 例患者中 40 例服灵芝片，14 例服安慰剂片作为对照。按双盲法进行临床试验，每日上午 9 时进行血压和微循环检查。临床试验结果如下：在加服灵芝前，患者的血压均高于 140/90mmHg，加用灵芝片 2 周血压即开始显著降低。加用灵芝 2 周后，25 例患者的指动脉压和毛细血管压即显著降低，加用灵芝 4 周时，与加药前比较有显著差异。加服灵芝片还使患者的甲皱微循环出现明显变化，加服灵芝片 2 周导致毛细血管袢密度、直径和红细胞流速较用药前显著改善。动脉压或小动脉压降低与毛细血管袢密度、毛细血管袢传出支的直径的改善之间呈正相关。安慰剂组 14 例患者用药前后上述指标均无明显改变。临床试验结果指出，灵芝片与降压药之间有协同作用，可增强降压药的疗效。这一作用可能与灵芝能增加毛细血管袢密度、直径和红细胞流速，以及增加微循环灌流有关。

（6）龙建军等（2001）探讨灵芝对高血压病人胰岛

（图片来源：百度图片）

素抵抗的干预作用。患者 42 例（男 25 例，女 17 例）年龄 35～65 岁，符合世界卫生组织关于原发性高血压的诊断标准（Ⅰ期 9 例、Ⅱ期 33 例），长期服用卡托普利、硝苯地平，血压波动一般在 160～140／90～100mmHg 之间，所有病人均排除继发性高血压、糖尿病或合并心、肾、脑并发症。将病人随机分成两组（灵芝组 27 例、空白对照组 15 例），一组给予灵芝片每次 2 片，每日 3 次；另一组给予空白对照片，空白对照片由灵芝片的基质制成，与灵芝片具有相同的颜色、外形及包装，给药剂量同灵芝片。两组均同时继续服用卡托普利（25mg，每日 3 次）、硝苯地平（10mg，每日 3 次）降压治疗。观察病人服用灵芝片前后血清葡萄糖、胰岛素等生化指标的改变。同时，观测大动脉压、小动脉压、毛细血管压、毛细血管密度、输入支口径及全血黏度、血浆黏度等指标。临床研究结果显示，与空白对照组比较，高血压病人降压辅以灵芝治疗后，大动脉压、小动脉压、毛细血管压明显降低，毛细血管密度、口径增大，全血、血浆黏度降低；空腹血糖降低，胰岛素升高；血糖的曲线下面积和胰岛素的曲线下面积缩小，二者的比值增大。可见，灵芝具有调节原发性高血压病人微循环、增加毛细血管密度、降低血浆黏度、协同降压、改善胰岛素抵抗的作用。

3. 讨论

从以上临床试验结果可见，灵芝制剂对高血压病确有一定疗效，特别是与常规应用的降压药合用时有协同作用，使血压更易控制。此外，灵芝制剂还能改善高血压病患者的自觉症状。药理研究亦发现，灵芝有一定的降压作用。自发性高血压大鼠给予灵芝菌丝体粉，可明显降低血压，同时血浆及肝脏中的胆固醇含量也降低。最近的一项研究还发现，灵芝多糖可降低实验性高血压大鼠主动脉平滑肌中超氧化物的含量，并使高血压大鼠主动脉平滑肌中过高的氧自由基水平降至正常水平。这表明灵芝的清除氧自由基和抗氧化作用亦与其防治高血压病有关。

根据文献报道，灵芝的降压作用主要与其所含三萜类成分有关，例如从灵芝的 70% 甲醇提取物中获得的 5 个三萜类化合物：灵芝酸 K、灵芝酸 S、灵芝醛 A、灵芝醇 A 和灵芝醇 B 均能抑制血管紧张素转换酶。已知该酶活性增高，可致血压升高，这说明灵芝所含的三萜类抑制血管紧张素转换酶活性，可能与其降压作用有关。

◯（六） 治疗糖尿病的临床应用

1. 基本信息

糖尿病是一种以高血糖为特征的代谢性疾病。高血糖则是由于胰岛素分泌缺陷或其生物作用受损，或两者兼有引起。糖尿病患者长期存在的高血糖，导致各种组织，特别是眼、肾、心脏、血管、神经的慢性损害和功能障碍。目前，糖尿病已是仅次于癌症、心血管疾病的严重危害人类健康的疾病。我国糖尿病的患病率不断上升，主要大城市的患病率已超过 10%。糖尿病发病与饮食、遗传、环境因素和免疫系统功能紊乱有密切关系。糖尿病的主要临床表现为血糖升高、多饮、多食、多尿、消瘦、乏力、抵抗力降低等。血糖升高的标准为：空腹血糖(FPG) $\geqslant$7.8 mmol/L；餐后 2 小时血糖（PPG）$\geqslant$11.1 mmol/L。

2. 临床应用研究实例

（1）近年来发现灵芝制剂可降低部分糖尿病病人的血糖，可增强降血糖药的降血糖作用。Zhang 和 Li（2002）观察灵芝胶囊对 Ⅱ 型糖尿病的辅助治疗作用。从 130 例符合世界卫生组织糖尿病诊断标准的 Ⅱ 型糖尿病患者中，随机分为灵芝组（100 例）和对照组（30 例）。灵芝组患者的平均年龄 62.31 ±9.26 岁，病程为 4.84 ±2.98 年；对照组患者的平均年龄 61.67 ±8.10 岁，病程为 4.93 ±3.05 年。两组患者均给予适宜的降血糖治疗，灵芝组加服灵芝胶囊，每次 3 粒，每日 3 次，共 2 个月。临床试验结果发现，治疗前对照组和灵芝组空腹血糖为 9.74 ±1.84，9.00 ±1.98 mmol/L 和胰岛素为 9.37 ±1.02，8.77 ±2.72 U/mL；治疗后分别为 7.18 ±2.30，8.71 ±1.65 mmol/L 和 6.24 ±1.18，8.43 ±2.26 U/mL。灵芝组空腹血糖降低程度较对照组有显著差异，但胰岛素水平两组间无明显差异。此外，灵芝组的患者改善头晕、口渴、乏力、腰酸、腿软等症状优于对照组。可见灵芝胶囊可辅助治疗 Ⅱ 型糖尿病。

（2）Gao 等（2004）观察灵芝提取物治疗 71 例 Ⅱ 型糖尿病患者的疗效。71 例 Ⅱ 型糖尿病患者均符合 Ⅱ 型糖尿病诊断标准。病例的病程 3 个月以上，年龄大于

18 岁，心电图正常，未用过胰岛素和过磺胺类者空腹血糖为 8.9 ～ 16.7mmol/L，或用磺胺类撤药前 FPG <10mmol/L 的病人。患者随机分为灵芝组和安慰剂组，分别口服灵芝灵芝提取物，每日 3 次，共服 12 周。安慰剂组按同法服安慰剂。两组均测空腹和餐后的糖化血红蛋白、血糖、胰岛素和 D 蛋白。结果可见，灵芝提取物能显著降低糖化血红蛋白，从服药前的 8.4% 降至 12 周时的 7.6%。空腹血糖（FPG）和餐后血糖（PPG）的变化与糖化血红蛋白的变化相平行，服药前 FPG 和 PPG 分别为 12.0 mmol/L 和 13.6 mmol/L，服药 12 周后 PPG 降至 11.8 mmol/L。而安慰剂组病人的上述指标则无改变或略增加。空腹和餐后 2 小时胰岛素及 C-蛋白水平的变化两组间也有明显差异。临床结果指出，灵芝提取物能有效降低Ⅱ型糖尿病患者的血糖。

3. 讨论

灵芝制剂不仅可增强降血糖药的疗效，而且还可使一些服用降血糖药效果不明显或效果不稳定的患者转好，血糖降低且稳定。由于灵芝可调节血脂，降低全血黏度和血浆黏度，可使心脑血管疾病患者的血液流变学障碍改善，因此灵芝在降血糖的同时，有可能延缓糖尿病的血管病变及与之有关的并发症如冠心病、肾脏病变等的发生。最近有文献报道，灵芝通过其抗氧化作用，抑制低密度脂蛋白氧化，进而抑制单核细胞对内皮细胞的黏附，这可能是其预防糖尿病血管并发症的重要机制之一。

●（七） 治疗神经衰弱的临床应用

1. 基本信息

神经衰弱属于神经症的诊断之一，是由于长期处于紧张和压力下，出现精神易兴奋和脑力易疲乏的现象，常伴有情绪烦恼、易激怒、睡眠障碍、肌肉紧张性疼痛等。这些症状不能归于脑、躯体疾病及其他精神疾病。症状时轻时重，波动与心理社会因素有关，病程多迁延。神经衰弱是当代社会的常见病、多发病，其主要表现为睡眠障碍，包括入睡困难、难以熟睡或早醒。同时伴有食欲不振、乏力、头晕、头痛、记忆力减退、阳痿、遗精、月经不调、耳鸣、畏寒、腰酸等症状。灵芝制剂对神经衰弱失眠有显著疗效，一般用药后 1～2 周即出现明显疗效，表现为睡眠改善，食欲、体重增加，心悸、头痛、头晕减轻或消失，精神振奋，记忆力增强，体力增强，其他合并症状也有不同程度的改善。灵芝制剂对神经衰弱失眠的疗效与所用剂量和疗程有关，剂量大、

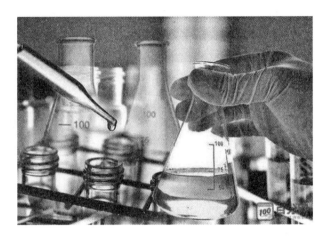

（图片来源：百度图片）

疗程长者疗效高。中医分型属气血两虚者疗效好。一些伴有失眠的慢性支气管炎、冠心病、肝炎、高血压病等的患者，经灵芝治疗后，睡眠转好，亦有助于原发病的治疗。

2. 临床应用研究实例

（1）北京医学院附属第三医院精神科中西医结合小组（1977）观察灵芝治疗100 例神经衰弱与神经衰弱症候群的临床疗效。在 100 例患者中，神经衰弱患者 50 例，精神分裂症恢复期残余神经衰弱症候群 50 例。灵芝（糖衣）片系由液体发酵所获赤芝粉加工制成，每片含赤芝粉 0.25g。每次口服 4 片，每日 3 次。少数人每次口服 4～5 片，每日 2 次。疗程均在 1 个月以上，最长者 6 个月。疗效评定标准：主要症状消失或基本消失者定为显著好转，部分症状好转者定为好转，治疗一个月症状无变化者定为无效。临床试验结果可见，经过一个月以上治疗，显著好转者61 例，占 61%；好转者 35 例，占 35%；无效者 4 例，占 4%。总效率 96%。神经衰弱的显著好转率 70%，高于神经衰弱症候群（52%）。中医分型中属气血两虚型者疗效较好。经灵芝治疗后，两组病例的症状均明显改善。大多数病例均在用药2～4 周开始见效，疗程 2～4 个月显著好转率偏高，疗程在 4 个月以上者疗效并未进一步提高。此外，还观察到灵芝的其他疗效，如 8 例患者的谷丙转氨酶异常者，用药后 7 例降至正常；2 例胆固醇高者均降至正常；4 例气管炎患者均有好转；2 例心绞痛患者发作明显减少；3 例月经紊乱者转为规律。灵芝片的副作用小，100例中有 8 例便秘，7 例口干、舌苦，3 例咽干、口唇起泡，3 例食欲差，3 例腹胀、腹泻，2 例反酸，1 例胃痛。这些症状在持续用药过程中自行消失。

（2）周法根等（2004）选择心脾两虚型失眠的住院及顺从性较好的门诊病人100例，观察其灵芝颗粒治疗的效果。经临床试验证实，灵芝颗粒对于治疗心脾两虚型失眠的神经衰弱症疗效显著，没有毒性和不良反应。作者推测灵芝颗粒治疗心脾两虚型失眠的机制可能与其改善造血机能，从而改善患者的血虚状态有关。

（3）Tang等（2005）采用随机、双盲、空白对照的方法研究灵芝多糖提取物对神经衰弱的治疗作用。选择132例神经衰弱患者作为研究对象，随机接受灵芝多糖提取物或对照剂治疗，连续8周，用临床整体印象严重度量和对疲劳感、健康状况的视觉模拟评分法进行疗效评价。结果发现，灵芝多糖组临床整体印象严重度和疲劳感得分较低，分别比基础值降低了15.5%和28.3%，对照组分别降低了4.9%和20.1%；灵芝多糖组健康状况评分比基础值提高了38.7%，而对照组仅提高了29.7%。这些结果表明，灵芝多糖对神经衰弱患者临床症状的改善有较好的作用。

（4）湖南省人民医院用灵芝糖浆治疗神经衰弱30例，结果显效者27例，好转者3例。一般服药10日左右即显现疗效，显效者睡眠、食欲、体重显著增加，头痛、头昏症状消失，记忆力逐渐增强；好转者睡眠、食欲均有增加，头痛、头昏症状减轻，但睡眠中仍有多梦现象。另一报告用灵芝治疗32例神经衰弱患者，每次口服灵芝0.9～1.2g（以菌丝的干重计算），每日2次，10日为一疗程。结果睡眠、食欲显著改善者16例，好转者13例，无效者3例。

3. 讨论

在灵芝治疗神经衰弱的临床实践中，经常观察到一些久治不愈的顽固性神经衰弱患者，经灵芝治疗后痊愈或明显好转。灵芝对神经衰弱的疗效除与其镇静作用有关外，尚与其稳态调节作用有关，即长期神经衰弱导致中枢神经系统功能紊乱，神经细胞的兴奋性和抑制性调控障碍，进而引起植物神经（交感神经和副交感神经）功能紊乱，出现头痛、头晕、记忆力减退、食欲不振、心悸、气短等症状。伴随病情发展，进一步引起内分泌系统和免疫系统功能紊乱，出现阳痿、月经不调以及免疫力降低等表现，最终产生神经－内分泌－免疫调节紊乱，使神经衰弱患者陷入恶性循环中，病情越来越重。灵芝可通过其稳态调节作用，使神经－内分泌－免疫调节恢复至正常，从而阻断了神经衰弱－失眠的恶性循环，睡眠改善，其他症状也明显减轻或消失。

○（八）治疗肾病综合征的临床应用

1. 基本信息

肾病综合征（NS）可由多种病因引起，以肾小球基膜通透性增加，伴肾小球滤过率降低等肾小球病变为主的一组临床表现相似的综合征，临床表现为大量蛋白尿、低蛋白血症、高度水肿、高脂血症的一组临床症候群。根据肾病综合征的病因，可分为先天性、原发性和继发性3类。先天性肾病是指由遗传因素引起，原发性肾

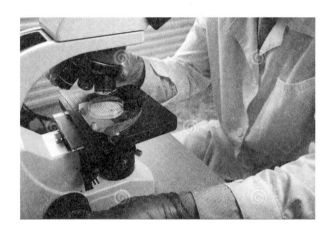

（图片来源：百度图片）

病是指病因不明（目前认为可能与免疫缺陷有关）的肾小球疾病引起，继发性肾病是指继发于全身性疾病，或临床诊断明确的肾小球肾炎，以及药物、金属中毒等患者。根据临床又将原发性肾病分为单纯型和肾炎型两类。按病理变化又分微小病变性、系膜增殖性、膜性、膜增殖性及局灶硬化等。在泌尿系疾病中，肾病综合征的发病率仅次于急性肾炎而居于第二位。据国外有关资料报道，肾病综合征累积发生率为16/10万。本病各个年龄段均有发生，其中以2～5岁幼儿为发病最高峰。此外，患者男性多于女性。部分患儿因多次复发，病程迁延，严重影响其身体健康，部分难治性肾病综合征最终发展成慢性肾衰甚至死亡。

2. 临床应用研究实例

（1）李友芸等（2003）用薄芝注射液治疗42例肾病综合征（NS），临床试验对象为住院的NS患者82例，男57例，女25例，年龄12～60岁，平均27.1±7岁，均符合中华医学会及世界卫生组织1982年制定的肾病综合征的诊断标准。患

者中原发性者77例，狼疮性肾病4例，乙肝相关性肾病1例。均系未经治疗的住院患者，肾功能正常或中度以下损害。部分患者有不同程度贫血，伴下肢静脉栓塞者3例，感染24例。82例患者随机分为观察组和对照组，两组在性别、年龄、肾功能状况无显著性差异。观察组42例，男28例，女14例，年龄1～59岁，平均28.7±5岁。原发性者39例，狼疮性肾病2例，乙肝相关肾病1例。给予激素与薄芝注射液（每支2mL，含灵芝粉500 mg），每日2支肌内注射，疗程84日。激素使用同对照组。对照组40例，男29例，女11例，年龄14～60岁，平均25.8±7岁，原发性38例，狼疮性肾病2例，单用标准激素疗程（每日泼尼松1～1.5mg/kg）治疗。临床试验结果显示，观察组42例，痊愈22例，占52.3%；显效13例，占39.5%；有效5例，占11.9%；无效2例，占4.9%；总有效率为81.4%。与对照组40例总有效率（53.2%）相比较，有显著差异（$P<0.05$）。

（2）Li等（1998）报告薄树芝对肾小球肾炎的临床疗效观察。在82例患者中，78例经临床症状和体征及实验室检查确诊为肾小球肾炎，4例为继发红斑狼疮和乙型肝炎的肾功能损伤。将患者随机分为灵芝组和对照组。灵芝组42例，每日肌内注射薄树芝注射液（每支2mL含药500 mg）1000mg，平均疗程57天。对照组40例，每日口服泼尼松1mg/kg，平均疗程69天。治疗前后进行肾功能检查、血生化检查、肾活检的光镜、电镜和免疫荧光检查及临床症状、体征检查。临床试验结果显示，薄树芝组尿蛋白显著减少，血浆白蛋白逐渐增加，免疫荧光强度显著降低，内皮下的电子致密沉积物明显减少，或消失以及基底膜变薄。观察结果表明，薄树芝注射液对肾小球肾炎有明显疗效。

3．讨论

肾病综合征是一种常见的疾病。现代医学对肾病综合征的研究不断广泛、深入。随着对肾组织病理、免疫病因病理研究的不断进展，对中医辨证分型及治疗规律的研究日益丰富和全国中医肾病会议通过中医分型标准的制定，使肾病的临床分型和治疗更趋于客观化和规范化。在辨证的基础上结合组织病理、免疫学、血液流

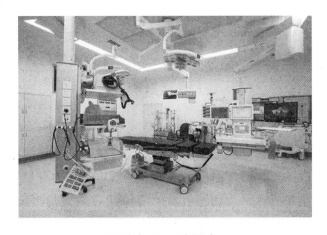

（图片来源：百度图片）

变、血液生化等现代检测手段，与辨病相结合的治疗观察思路与方法正在形成。目前，在灵芝对治疗肾病综合征方面的临床应用研究尚不多，已有的文献报道虽然还不足以说明灵芝对治疗肾病综合征的功效，但是至少可以肯定，灵芝可以通过增强体质，提高免疫功能，对身体起到调节作用，能间接帮助肾脏病的恢复。随着活检、电镜、免疫病理以及分子生物学等肾病诊断技术的进展和认识的深入，对肾病综合征的病因，以及灵芝对治疗肾病综合征的临床表现与病理之间的关系将被逐步阐明。

◯（九）治疗白细胞减少症的临床应用

1. 基本信息

白细胞是一类有核的血细胞。正常人的白细胞数目是 4000 ~ 10000/μL（微升），每日不同的时间和机体在不同的功能状态下，白细胞在血液中的数目有较大范围的变化。当每微升血液超过 10000 个时，称为白细胞增多；而每微升血液少于 4000 个时，则称为白细胞减少。机体有炎症时会出现白细胞增多。白细胞减少分遗传性、家族性、获得性等类型，其中获得性占多数。药物、放射线、感染、毒素等均可使白细胞减少，其中药物引起者最常见。避免用药是要避免因为药物而导致的白细胞减少。

白细胞减少症是指血液中的白细胞数量持续下降所引起的一组症状。白细胞减少症典型表现为头晕、乏力，肢体酸软，食欲减退，精神萎靡、低烧，属中医"虚劳"范畴。中医治疗白细胞减少症通常采用益气养血，补肾益精，健脾养胃等方法。

2. 临床应用研究实例

（1）福建三明地区第二医院报告用灵芝胶囊治疗白细胞减少症 52 例，有效率达 84.6%。该组患者治疗前白细胞总数均少于 4000/μL。每次口服灵芝胶囊（含灵芝菌丝及其固体培养基的乙醇提取物）4 粒，每日 3 次，共 10 ~ 14 日。治疗后，52 例患者的白细胞总数平均提高 1028/μL，白细胞总数较服药前增加 2000/μL 以上的患者（显效）11 例，占 21.15%；白细胞总数较服药前增加 1000～2000/μL 的患者（进步）12 例，占 23.1%；白细胞总数较服药前增加 500～1000/μL 的患者（好转）21 例，占 40.4%；无效的患者 8 例，占 15.4%。治疗后白细胞总数升高至 4000～6700/μL 的患者共 30 例。有 17 例患者连续服药 20 日，其用药 10 日的疗效为 58.8%，20 日的疗效为 82.4%。临床试验表明，口服灵芝胶囊能使白细胞减少症患者的白细胞增加，且疗程愈长，疗效愈佳。

（2）广东省河源市卫生局科研小组用灵芝菌丝（包括其固体培养基成分）片治疗 60 例白细胞减少症患者，该组病例治疗前白细胞总数均在 4500/μL 以下，病因明确者 9 例（汽油、柴油为诱因者 3 例；慢性疾病者 6 例），不明原因者 51 例。经服用灵芝菌丝片（每片 0.4g，每次 3 片，每日 2 次）10～30 日后，白细胞总数平均提高 1428/μL，总有效率 81.7%，恢复正常者占 75%。头晕、乏力、失眠等自觉症状亦有不同程度改善。

3. 讨论

临床试验结果表明，灵芝对治疗各种原因引起的白细胞减少症有效。据文献报道，灵芝除了对治疗白细胞减少症有效外，还对治疗特发性血小板减少性紫癜、再生障碍性贫血、溶血性贫血等血液系统疾病有一定疗效，但因观察病例较少，以及并用其他药物，难以准确评价灵芝的作用，其临床治疗效果尚须进一步研究。在用灵芝治疗其他疾病时，还曾观察到灵芝制剂能增加红细胞、血红蛋白、网织红细胞、白细胞及血小板含量，这可能与灵芝能促进骨髓造血功能有关。

⚫（十） 解救毒菌中毒的临床应用

1. 基本信息

毒菌亦称毒蘑菇，一般是指大型真菌的子实体食用后对人或畜禽产生中毒反应的物种。自然界的毒菌估计达 1000 种以上，而我国估计至少有 500 种。据文献报道，我国目前包括怀疑有毒的在内的毒菌有 421 种，隶属于 39 科、112 属，已知的毒菌毒素有 30 多种，说明中国毒菌及毒素种类繁多。我国有记载引起中毒事例的毒菌，有鹅膏菌科 Amanitaceae 的鹅膏菌属 *Amanita*；蘑菇科 Agaricaceae 的环柄菇属 *Lepiota* 和蘑菇属 *Agaricus*；白蘑科 Tricholomataceae 的杯伞属 *Clitocybe* 和口蘑属 *Tricholoma*；红菇科 Russulaceae 的红菇属 *Russula* 和乳菇属 *Lactarius*；丝膜菌科 Cortinariacea 的丝盖伞属 *Inacybe*、丝膜菌属 *Cortinarius*、滑锈伞属 *Hebeloma*、裸伞属仰 *mnopinus* 和

（图片来源：百度图片）

盆抱伞属 *Galerina*；粪锈伞科 Eolbitiaceae 的粪锈伞属 *Bolbitius*；球盖菇科 Strophariaceae 的韧伞属 *Naematol oma*、光盖伞属 *Psilocybe* 和球盖菇属 *Stropltari*；粉褶菌科 Rhoclophyllaceae 的粉摺菌属 *Rhoaiophyllus*；鬼伞科 Coprinacea。的鬼伞属 *Coprinus* 和花褶伞属 *Panaeolus*；牛肝菌科 Boletaceae 的黏盖牛肝菌属 *Suillus* 和牛肝菌属 *Boletus*。子囊菌类毒菌较少，仅有马鞍菌科 Helvellaceae 的马鞍菌 *Helvellaspp* 和鹿花菌属 *Gyromitra* 及胶陀螺科 Bnlgariaceae 的胶陀螺菌 *Bulgaria irrguina* 和叶状耳盘菌。

误食毒菌如鹅膏菌科（Amanitaceae）宾菌白毒鹅膏菌 [*Amanita verna*（Bull.：Fr.）Pers. ex Vitt]、亚鳞白鹅膏蕈 [*Amanita solitaria*（Bull. ex Fr.）Karst.]、斑豹鹅膏菌 [*Amanita Pantherina*（Dc.：Fr.）Schrmm.] 及红菇科（Russulaceae）真菌亚稀褶黑菇（*Russula subnigricans Hongo*）等可致中毒，严重者可致死。误采误食野生菌中毒

（图片来源：百度图片）

事件中，95％ 是由鹅膏菌所致。鹅膏毒肽（amanitin）是鹅膏菌所含的最重要致死毒素，鹅膏毒肽为双环八肽，天然鹅膏肽有 α－鹅膏毒肽（α-amanitin，亦称鹅膏菌碱）等 9 种。鹅膏毒肽能溶于水，化学性质稳定，耐高温和酸碱。食入后，可迅速被消化道吸收进入肝脏，并能迅速与肝细胞 RNA 聚合酶结合抑制 mRNA 的生成，造成肝细胞坏死而致急性肝功能衰竭。

2. 临床应用研究实例

（1）李铁文等（2003）给25例鹅膏菌中毒患者口服灵芝煎剂（灵芝200g加水煎成600 mL液体）每日3次，每次200 mL，7天为1疗程，共用1～2个疗程。治疗后所有患者的临床症状均全部消失，血总胆红素（STB）、胆汁酸（BA）、丙氨酸氨基转移酶（ALT）、天门冬氨酸氨基转移酶（AST）等检测指标均恢复正常或接近正常。入院时病人的血中均检出鹅膏毒肽，于治疗后第3日再检测，发现其量甚微，第5日血中已测不出鹅膏毒肽。

（2）肖桂林等（2003）报告灵芝煎剂对鹅膏菌中毒病人的治疗作用。他们将鹅膏菌中毒病人23例随机分为治疗组和对照组。对照组给予常规治疗（用药为青霉素、阿拓莫兰），治疗组在常规治疗基础上，加用灵芝煎剂（灵芝200 g，加水煎取600 mL液体）口服，每日3次，每次200 mL，连服7日。比较两组的临床疗效。结果治疗组临床疗效明显优于对照组，两组STB、BA、ALT、AST 4项指标均上升。治疗组在第3日4项指标上升达高峰，以后显著下降；对照组4项指标则呈持续进行性上升。两组4项指标在相同时间比较，治疗组明显低于对照组。临床应用结果表明，灵芝煎剂对鹅膏菌中毒有较好的治疗作用，能明显降低鹅膏菌中毒的死亡率。

（3）肖桂林等（2003）探讨了灵芝煎剂对25例亚稀褶黑菇（Russula subnigricans）中毒患者的治疗作用。亚稀褶黑菇（Russula subnigricans）含有胃肠型、神经型、溶血型和细胞毒型毒素，是一种快作用毒素，中毒后迅速引起肝、肾细胞损害，尤其是肾坏死而致死，一般在72小时内死亡，最快者可在24小时内死亡，是毒蘑菇中毒类型中最为凶险的一种。治疗组的患者14例，在常规治疗基础上加用灵芝煎剂口服（神志障碍者鼻饲），（灵芝煎剂取灵芝100 g，加水煎制600 mL液体），每天口服3次，每次服200 mL，连续服用7天为1个疗程，根据病情用1～2个疗程。对照组为前一年亚稀褶黑菇中毒病例11例（对照组给予输氧、输液等常规治疗）。比较两组的临床疗效及反映肾脏损害的尿 N－乙酰－β－D葡萄糖酐酶（NAG）、尿红细胞、尿蛋白和反映肝脏损害的血清 ALT、反映心脏损害的血清AST 等各项指标改变情况。临床治疗结果显示，治疗组在经治疗后，病情迅速好转，无死亡病例；对照组入院24小时内死亡3例，24～48小时内死亡2例，48～72小时内死亡3例，共计死亡8例。灵芝治疗组绝大部分病例尿红细胞在治疗24小时后完全消失，尿蛋白也明显减少，而 NAG、ALT 和 AST 等3项酶学指标第3天上升达高峰，以后逐渐下降。对照组各项指标则呈持续进行性上升，比较两组相同时间的各项指标，治疗组显著低于对照组。临床治疗结果表明，灵芝煎剂对亚稀褶黑菇中毒有较好的治疗作用，能明显降低亚稀褶黑菇中毒的死亡率。

（4）何介元（1978）用紫芝煎剂（30%，每次 50mL，每日 3 次）救治白毒鹅膏菌 [*AmanitaVerna*（Bull. ex Fr.）Pers. ex Vitt]（又名白毒伞、白帽菌等）中毒患者 11 例，除 1 例不治死亡外，其余 10 例均治愈出院。临床应用结果显示，紫芝煎剂对治疗白毒鹅膏菌中毒所致的中枢神经系统损害和急性肾功能衰竭有显著效果。紫芝还可用于治疗斑豹鹅膏菌（斑豹毒菌）（*Amanita Pantherina*）及亚鳞白鹅膏菌（角鳞白伞）[*Amanita solitaria* 9（Bull. ex Fr.）Karst.]中毒的解救，治疗效果明显。

3. 讨论

毒菌（毒蘑菇）在中国的种类多，分布广，因此在广大山区、农村和乡镇，误食毒蘑菇中毒的事例比较普遍，几乎每年都有严重中毒致死的报告。据卫生部的统计数据，2010 年全国食用毒蘑菇死亡人数共 112 人，占全部食物中毒死亡人数的 61%。经调查，中毒患者中的多数人并不是完全不知道毒蘑菇的存在，而是受到了一些民间流传的、不科学的"毒蘑菇识别方法"的误导而采食毒蘑菇造成中毒。

毒菌中毒症状有六个类型：①胃肠中毒型：通常的中毒症状是强烈恶心、呕吐，腹痛、腹泻等，毒粉褶菌、臭黄菇和毛头乳菇，黄粘盖牛肝菌和粉红枝瑚菌等毒蘑菇可引起此类型中毒，已知有 80 余种。②神经精神型：已知有 60 余种。中毒症状是精神兴奋，精神错乱或精神抑制等神经性症状。如毒蝇鹅膏菌、半卵形斑褶菇中毒后可引起幻觉反应。③溶血型：主要症状是在 1～2 天内发生溶血性贫血，症状是突然寒战，发热，腹疼头疼，腰背肢体疼，面色苍白，恶心，呕吐，全身虚弱无力，烦躁不安和气促。此类中毒症状主要由鹿花菌引起。④肝脏损害型：引起这类中毒的毒菌约 20 余种，这些毒菌均含毒肽、毒伞肽毒素，中毒后迅速引起肝、肾细胞损害，导致死亡。⑤呼吸与循环衰竭型：引起这种类型的毒蘑菇主要是亚稀褶黑菇，中毒后死亡率较高。⑥光过敏性皮炎型：其毒素为对光敏感的卟啉类物质，中毒后毒素通过消化道被吸收，进入体内后可使人体细胞对日光敏感性增高，凡日光照射部位均出现皮炎，如红肿、火烤样发烧及针刺般疼痛。中毒潜伏期较长，一般在食后 1～2 天发病，有的中毒者出现轻度恶心、呕吐、腹痛、腹泻等胃肠道病症。

许多毒菌的生态习性与食用菌相似，特别是绝大多数的野生食用菌形态特征与毒菌不易区别，甚至有许多毒菌同样味道鲜美，因此误食毒菌中毒便很自然。由于毒菌种类多且毒素成分复杂，我国在毒素成分提取和毒性方面的研究甚少。在已知的毒菌中绝大多数毒素成分尚不清楚，有些种类被怀疑有毒，甚至有的食用菌在国外已分离出有毒化学物质。目前，国内外对毒菌研究的对象主要是鹅膏菌属 *Amanita* 的毒菌，在我国还有更多的毒菌毒素尚未开展研究，已知有些毒菌至今无特效解毒药物。目前，虽然有一些报告指出，灵芝可用于毒菌中毒的解救，但是临床实例并不多，防止毒菌中毒最安全的办法是，绝对不要采食不认识的野生蘑菇。

（十一）　保健方面的临床应用

1．基本信息

保健是指保持和增进人们的身心健康而采取的有效措施。包括预防由工作、生活、环境等因素引起的各种精神疾病，或由精神因素引起的各种躯体疾病的发生。保健虽不能直接提高个体的心理健康水平，但能预防个体不健康心理和行为的发生。美国心理学家赫兹伯格双因素理论中的一个因素认为，个体的工作受两类因素的影响，一是能使人感到满意的因素，它能影响人的工作积极性，并能激发个体作出最好成绩；二是保健因素，亦称"维护因素"，指只能防止人产生不满的因素，它不起激励作用，是维护人的心理健全和不受挫折的必要条件，具有预防性，能保持人的积极性和维持工作现状。

灵芝保健作用的目的就是预防疾病、延缓衰老。在长期防病治病的实践中，中医药学以人为本，很早就提出："上工治未病，以养生为先"，"上医医未病之病，中医医欲病之病，下医医已病之病"，"上医医国，中医医人，下医医病"。这些精辟的论述反映了我国古代中医药学家已非常重视预防疾病的养生保健，而"上医医国"就

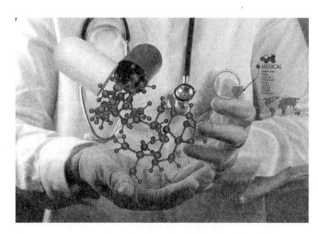

（图片来源：百度图片）

是把预防为主的原则与提高全民健康水准和增强国力联系起来。随着人类迈进21世纪，"预防胜于治疗"的原则已广为人们接受，占人群很大一部分的"亚健康"状态的人群尤其需要考虑如何保健，避免健康进一步恶化导致疾病。"亚健康"是近年来医学界提出的一个新概念，是指人体虽无明显疾病，却表现出失眠焦虑、疲乏无力、头晕耳鸣、烦热自汗、面色晦暗或萎黄、眼圈发黑、肥胖等症状，而医生检查却"无病"的似病非病状态。"亚健康"实际上是经济高度发达、生活水平提高、饮食结构改变、环境遭受污染、生态平衡打破所引起的健康问题。人体进入中年以后，"亚健康"变得日益明显，并逐步发展为高血压病、高脂血病、糖尿病、心血管病等，由于机体免疫力降低，细菌病毒感染和肿瘤的发病率也随之增加。

健康人的神经系统、心血管系统、内分泌系统、免疫系统均有良好的自我调节和相互调节的功能。因此，人体可适应内、外环境的变化而调节这些重要系统的功能，使之保持正常状态。例如，人体可通过脑中的高位交感中枢、交感神经、肾脏的肾素－血管紧张素系统、内分泌系统等来调节血管平滑肌张力，使血压能适应内、外环境的改变而维持正常状态，一旦这种调节失常就可导致高血压病。又如胰岛 β 细胞分泌的胰岛素可降低血糖，而 A 细胞分泌的胰高血糖素则可升高血糖，二者作用相反，互相拮抗。而其他内分泌激素如肾上腺皮质激素、生长激素和肾上腺素等也可拮抗胰岛素的作用，使血糖升高。而这些影响血糖升降的激素的分泌又受神经系统、内分泌系统、免疫系统的影响，只有它们的作用处于平衡时，血糖才能维持在正常水平。从本质上看，"亚健康"是人体的稳态调节障碍，人体对内、外环境变化的适应性降低所致。如果稳态的障碍进一步发展，则可导致疾病。故身体健康的根本是稳态，稳态的保持是健康、稳态的破坏是疾病。而人体的衰老过程则是稳态调节水平逐步下降的过程。

灵芝在《神农本草经》中被列为上药，中医药学很早便认识到灵芝在养生保健、延缓衰老中的重要作用。现代医学也有许多研究证明灵芝对人体的保健养生功能，本书在上面的有关章节曾做了详细介绍。但是，尽管灵芝在治疗慢性支气管炎、冠心病、高脂血症、高血压病、肝炎、糖尿病、肿瘤等许多疾病时有较好的疗效，但与其患病时或病重后才服用灵芝，倒不如防患于未然，根据个人体质的不同，酌情服食灵芝，以增强体质、提高抗病能力。

2. 临床应用研究实例

（1）陶思祥等（1993）观察赤灵芝粉对30例老年人细胞免疫功能的影响。30例门诊健康查体者（男19例，女11例）平均年龄65.1岁。其中血脂增高者（血清胆固醇 >6.0mmol/L，甘油三酯 >1.25mmol/L，低密度脂蛋白－胆固醇 >

5.8mmol/L 13 例，符合脑动脉硬化者 21 例。半年内未用过中草药、糖皮质激素及其他能影响免疫功能的药物。口服赤灵芝粉，每次 1.5g，每日 3 次，共服 30 日。在服药 10、20、30 天和停药 10 天后，静脉采血，分离出周围血单核细胞测 IL-2（白介素 -2）、IFN-γ（干扰素 -γ）及 NK 细胞（自然杀伤细胞）活性。临床试验结果显示，服药后 IL-2、IFN-γ 及 NK 细胞活性均增高，服药 20 日达高峰，停药 10 日后仍维持在高水平。结果说明，灵芝对提高老年人的细胞免疫功能有效。

（2）钱睿哲等（1996）观察了灵芝对健康人甲襞微循环的影响。57 例志愿者（男 29 例，女 28 例），平均 33.86 ±10.39 岁。分为 A、B、C、D 4 个组：A 组服灵芝 3 日，志愿者 24 例；B 组服灵芝 7 日，志愿者 6 例；C 组服不同剂量灵芝，志愿者 15 例；D 组为对照组，志愿者 12 例。灵芝片（每片含提取物 55mg，相当于灵芝子实体 1.375g）一般剂量为每次 2 片，每日 3 次。不同剂量组一次 2 片、4 片或 8 片。对照片仅含基质，服用方法同灵芝片。临床试验结果发现，无论连续服灵芝片 3 日或 7 日者，动脉压、小动脉压和甲襞毛细血管压仅有降低趋势。而毛细血管袢口径（包括输入支和输出支）则有明显扩张，但管袢密度及血流速度变化不明显。连续口服灵芝片 7 日的动态观察结果还发现，服药 8 小时见毛细血管输入支及输出支口径扩张，其作用高峰在 8 小时至 3 日。单位面积中毛细血管袢密度的增加出现于服灵芝片后第 7 日，由于在作用出现于毛细血管输入支和输出支扩张后数日，这可能是连续服用灵芝片达到一定浓度后，管袢口径扩张，原来关闭的部分毛细血管袢重新开放，并因此使毛细血管袢密度增加，使微循环灌流量增加。比较不同剂量灵芝片的作用发现，2 片组、4 片组服药 3 小时后，毛细血管袢密度、口径和血流速度与服药前均无显著

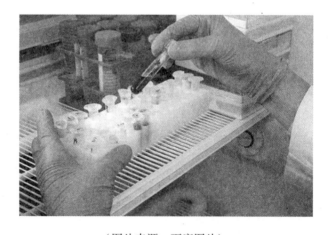

（图片来源：百度图片）

差异。8 片组毛细血管袢密度和口径显著增加，但毛细血管袢内红细胞的流速明显减慢，毛细血管压降低。前者对机体有利，后者对机体不利。据此认为，灵芝片作为保健品应用，服用方法以每次 2 片，每日 3～4 次为宜。

（3）老年男性更年期症状与女性更年期所出现的症状十分相似，除雄激素产生减少外，微循环代谢、有氧自由基代谢及血液黏度等全身综合代谢水平也有明显

的改变，这些改变可进一步影响衰老进程。曾广翘等（2004）通过观察血睾酮、红细胞超氧化物歧化酶（SOD）与丙二醛（MDA）水平的变化及心理症状评分，评价破壁灵芝孢子治疗老年更年期综合征患者的疗效。临床试验选择具有男性更年期综合征症状（乏力、失眠、血管收缩、精神心理症状及性功能障碍症状）为主的患者138例，病情持续6个月～2年，平均12.3个月，血睾酮水平低于正常值（140 mg/L）。年龄55～76岁，平均66岁，单身患者61例占（52.9%），均未合并严重的心脑血管疾病、传染性疾病及恶性肿瘤。经SRS中老年男子部分雄激素缺乏自我评分>16分，Zung抑郁量表标准分≥50分作为发现更年期综合征状态依据。将患者随机分成2组，观察组80例，经询问病史及作Zung量表评分、SRS评分后，抽取空腹动脉血测血睾酮水平、SOD、MDA后，统一服用破壁灵芝孢子胶囊600mg，每天3次，疗程为3周，不再服用其他治疗精神症状的药物，每周进行1次Zung、SRS评分及症状观察，3周后再次抽血测血睾酮、SOD及MDA水平。另58例患者给外观相同的安慰剂，同样作症状观察，Zung、SRS评分及治疗3周后测血睾酮、SOD及MDA水平。临床试验结果显示，80例治疗组患者和58例对照组患者经服药3周后症状、评分均有改善，治疗组总有效率为74.3%，对照组总有效率为28.16%，治疗组明显高于对照组。而3周后80例治疗组患者血睾酮、SOD水平明显比对照组58例患者高，MDA水平明显比对照组患者下降。在临床治疗期间，服用灵芝孢子治疗男性更年期综合征患者，未见明显不良反应。

（4）Noguchi等（2005）在可控的Ⅰ期临床试验中评价灵芝甲醇提取物对中度男性膀胱出口阻塞（BOO）患者的效果和安全性。参加临床试验的男性志愿者（≥50岁）的国际前列腺症状分级（Ⅰ-PPS）≥8，前列腺特异性抗原（PSA）值<4ng/mL。一些良性前列腺肥大者曾用过α-阻断剂或其他药，试验前有2周清洗期。志愿者随机分为安慰剂组（对照组）12例；服用灵芝甲醇提取物0.6mg组，12例；服用灵芝甲醇提取物6mg组，12例；服用灵芝甲醇提取物60mg组，14例，每日给药1次。检测给药前后的Ⅰ-PPS和峰尿流率（Q_{max}），并由超声波扫描术评估前列腺体积和残留尿量，还进行血液检查和PSA水平测定，均与安慰剂组比较。临床试验结果可见，全部患者对给药均有很好的耐受性，未见不良反应。与安慰剂组比较，6mg和60mg剂量组在第4周和第8周Ⅰ-PPS明显降低。Ⅰ-PPS的这种显著改善被累积分布、线性回归分析所确认。未观察到Q_{max}、残留尿量、前列腺体积以及PSA水平的变化。临床试验结果表明，灵芝提取物易于耐受，并能明显改善BOO患者Ⅰ-PPS，推荐Ⅱ期临床用于中度男性治疗BOO的剂量为6mg。

（5）张安民等（1997）观察了灵芝液对运动员的抗疲劳作用及对血中超氧化物歧化酶（SOD）、过氧化氢酶（CAT）、过氧化脂质（LPO）的影响。参与临床试验的志愿者 26 人，平均年龄 16.37 ±1.7 岁，男性运动员，分为试验组和对照组，每组各 13 人。试验组口服灵芝液每次 10mL，每日 2 次，共 30 日；对照组服色泽、包装完全相同的可口可乐。临床试验结果显示，试验组运动员的递增负荷运动时间和作功值明显高于服药前和对照组。试验组运动员的血红蛋白由用药前的 14.43g% ±0.49g% 增至 15.73g% ±0.54g%。而对照组无显著变化。试验组运动后 5 分钟的血乳酸为 9.32 ±1.21mmol/L，运动后 15 分钟降至 6.34 ±1.31mmol/L，二者有显著差异，而对照组运动后 5 分钟、15 分钟的血乳酸分别为 9.88 ± 0.56mmol/L 和 8.47 +0.79 mmol/L，二者无显著差别。临床试验结果可见，服用灵芝液还可明显降低血清 LPO，增加全血 SOD 的含量，增强血红蛋白 CAT 的活性。临床试验结果说明，灵芝对运动员有保健作用，灵芝液可通过增加血红蛋白、加速血乳酸清除、增强 SOD 和 CAT 活性、抑制体内 LPO 产生，进而提高运动员的运动耐力。

（6）罗琳等（2006）探讨灵芝多糖对高住低训的运动员的中人体红细胞 CD35 的影响。受试对象为 16 名北京体育大学体育教育学院足球专项运动员，通过观察他们 2500 米高住低训过程中，人体红细胞 CD35 数量和活性变化。16 名受试者均无肝、肾、内分泌疾病史及世居高原史，未服用过影响机体红细胞代谢的药物。将受试者随机分为给药组和对照组各 8 人，均为高住低训。入住低氧房前给药组每日服灵芝胶囊 5g，共 2 周，对照组服安慰剂。两组每晚入住低氧房（O_2 浓度 15.4%，相当于海拔 2500 m）10 小时，每周 2 次低氧房 72% 最大摄氧量蹬功率自行车训练 30 分钟，并且两组每周有 3 次同一教练执导的专项训练。临床试验结果显示，4 周实验后，给药组受试者红细胞 CD35 的表达比实验前升高 7.9%，而对照组的受试者红细胞 CD35 的表达比实验前下降了 12.8%，具有显著性差异（$P < 0.05$）；给药组受试者红细胞 C3b 受体花环率较给药前升高 45.9%，而对照组受试者红细胞 C3b 受体花环率较给药前下降了 49.0%，两组相比有显著性差异（$P < 0.05$）；给药组和对照组红细胞免疫复合物（IC）花环率较实验前分别升高了 99.7% 和 19.5%，两组相比有显著性差异（$P < 0.01$）。临床试验结果指出，灵芝多糖可以明显增加红细胞 CD35 的表达，并且可以调节高住低训实验中出现的运动员红细胞继发性免疫低下

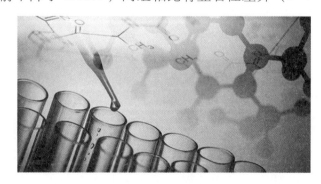

（图片来源：百度图片）

的现象。

此外，还有资料报道，用赤灵芝菌片和灵芝舒心片防治高原不适应症 469 人的临床实例。结果证明，口服赤灵芝菌片和灵芝舒心片可使由平原进入海拔 4000 ～ 5000m 高原的人员的急性高原反应（头痛、呕吐等）发病率显著下降，两药预防有效率分别为 98.6% 和 97.5%。

3. 讨论

步入中年以后的人群，人体最主要的器官如神经系统、心血管系统、内分泌系统、免疫系统等，均伴随年龄的增加而产生退行性改变，并因此使各系统和系统间的稳态调节发生障碍，对内、外环境改变的适应能力降低，因而易患心脑血管疾病、糖尿病、病毒感染、肿瘤等。如果能在这些疾病发生前服用灵芝保健，通过灵芝的稳态调节作用，使人体内环境稳定，增强人体对内、外环境改变的适应能力，使血压、血脂、血黏度、血糖等均维持在正常水平，并使因年龄增长而降低的免疫功能恢复正常，因而可延缓衰老的进程，能预防中老年的常见病和多发病。灵芝用于中老年保健时，一般用量较小，如果长期坚持服用，就会收到防病强身的效果。

（十二） 灵芝安全性临床实验

自古以来我国就有食用灵芝的传统，现代许多灵芝原料及其产品如灵芝孢子粉、灵芝孢子粉胶囊、灵芝孢子油胶囊、灵芝胶囊、灵芝酒、灵芝茶、灵芝饮料等已流向寻常百姓消费市场，被大众消费者接纳为药食同源的保健品。灵芝作为普通食品管理的呼声越来越高，灵芝只有纳入药食同源目录，才能进行更多的相关产品的研发，而灵芝的安全性是其能否纳入药食同源目录的关键问题。目前灵芝及其相关产品的安全性，包括急性毒性、长期毒性、遗传毒性和灵芝化学成分的毒理研究现状介绍如下。

1. 灵芝的急性毒性临床实验

（1）灵芝孢子粉的急性毒性实验。

急性毒性是评价灵芝及其产品安全性的一个主要指标，主要是通过测定灵芝的小鼠急性经口半数致死量（LD_{50}）来反映灵芝的急性毒性。目前国内外灵芝类产品的急性经口毒性试验的 LD_{50} 均大于 10g/kg 未见明显毒性反应症状，属于实际无毒级产品（马宁宁等，2016）。灵芝孢子粉是最常见的灵芝产品，选用某生物科技有限公司提供的灵芝孢子粉胶囊内容物进行急性毒性实验，试验结果显示，该产品小鼠半数致死量（LD_{50}）>10g/kg，未显示有毒性作用，表明灵芝孢子粉胶囊无毒性。陈体强等用薄盖灵芝菌粉进行急性及亚急性毒性的实验结果表明，薄盖灵芝菌粉口服安全无毒，无致突变作用，对小白鼠的小鼠半数致死量（LD_{50}）>20g/kg，属实际无毒级，对大白鼠的生长发育无不良影响。河南三门峡灵芝基地的灵芝孢子粉的急性毒性试验结果显示，小鼠经口服半数致死量（LD_{50}）>10g/kg，属无毒级。某县菌草灵芝生物工程有限公司生产的菌草灵芝孢子粉胶囊的急毒实验结果显示，灵芝孢子粉以 15g/kg 的剂量对 20 只小鼠灌胃 7 天后，小鼠未见明显中毒症状，无死亡，对小鼠的急性毒性半数致死量（LD_{50}）>15g/kg，属于无毒级物质。

（2）灵芝孢子油的急性毒性实验。

灵芝孢子油是由灵芝孢子粉提取而得到的灵芝产品，李学敏等（2006）使用灵芝孢子油进行急性毒性实验，结果表明，灵芝孢子油对雌雄小鼠经口半数致死量（LD_{50}）>10g/kg，为实际无毒级物质。因此，破壁灵芝孢子油是一种安全、药用和食用价值很高的物质。

（3）灵芝孢子合剂的急性毒性实验。

灵芝孢子合剂由灵芝破壁孢子粉和灵芝浸膏粉 1:1 混合而成。对昆明种小鼠口饲灵芝孢子合剂的观察结果表明，灵芝孢子合剂对雌雄昆明种小鼠经口 LD_{50} > 10g/kg，无任何病变、致突变作用，对大白鼠生长发育无不良影响，属实际无毒级物质。

（4）浓缩灵芝胶囊的急性毒性实验。

陈新霞等（1996），对浓缩灵芝胶囊进行急性毒性实验，小鼠经口灌胃浓缩灵芝胶囊，观察 1 周的结果表明，小鼠均未见明显异常反应及死亡，雌雄小鼠 LD_{50} > 21.54g/kg，根据化学品急性毒性分级标准，该浓缩灵芝胶囊属于无毒级。

（5）灵芝原浆的急性毒性实验。

张杰等（1998）对河南省中药研究所提供的灵芝原浆（20≥% 浓度提取液）进行急性毒性实验。采用剂量为 2.15 g/kg、4.64 g/kg、10.0 g/kg、21.54 g/kg 的灵芝原浆经口灌胃雌雄小鼠。试验结果显示，各剂量组灌胃后雌雄小鼠无中毒表现，试验 7 天内无死亡现象，雌雄小鼠 LD_{50} >9.28 g/kg，表明灵芝原浆无急性毒性现象。

2. 灵芝的长期毒性临床实验

(1) 灵芝胶囊长期毒性实验。

高建波等（2008）对天津现代医药开发研究所提供的灵芝胶囊进行长期毒性实验研究，采用不同剂量的灵芝胶囊给大鼠灌胃连续给药，26 周后测试大鼠体质量、尿液、血液学常规、血液生化、脏器系数及病理组织学变化。实验结果表明，各剂量组的大鼠发育正常，各项检测指标未见与用药相关的异常变化，主要脏器病理型态也未出现毒性病变，表明灵芝胶囊长期服用安全。黄宗锈等使用灵芝胶囊内容物，按每人日推荐用量 6.0g 的 50、100、200 倍，即 5.0 g/kg、10.0 g/kg、20 g/kg 剂量，对大鼠进行 30 天喂养。试验结果表明，各剂量组大鼠每周体质量的增长与对照组相比均无明显差异，其血红蛋白含量、红细胞，白细胞计数等与对照组无差异。实验结果表明，长期服用灵芝胶囊无不良影响。

(2) 灵芝孢子粉长期毒性实验。

欧棋华等（2005）对福建省某生物工程有限公司提供的灵芝孢子粉进行长期毒性实验。实验设 3 个剂量组，分别为 1.12 g/kg、2.25 g/kg、4.50g/kg 的灵芝孢子粉对大鼠进行单笼喂养，连续 30 天。实验结果显示，各剂量组的大鼠的脏器系数与对照组无显著性差异，对肝、肾、胃、肠、脾、睾丸、卵巢做病理组织学检查未发现特异性病变。实验说明，灵芝孢子粉对大鼠未见明显的长期毒性。吴黎敏（2005）和王伟洁等（2000）测定该灵芝孢粉长期毒性的结果也显示，大鼠各项生化指标、血常规均在正常值范围内，对受检脏器未见特异性病变，说明灵芝孢子粉对大鼠未见明显的长期毒性。

(3) 孙晓明等（2000）使用灵芝孢子粉喂养大鼠 30 天的实验。

取体重 85～112g 断乳 SD 大鼠 80 只，按体重随机分为 4 组，每组 20 只，雌雄各 10 只。分为对照组：灌以等体积蒸馏水；灵芝孢子粉 3 个剂量组：分别灌胃灵芝孢子粉 0.3 g/kg、1.0 g/kg、3.0 g/kg。供试大鼠单笼饲养，自由摄食摄水，连续观察 30 日结束喂养。实验结果显示，灵芝孢子粉对大鼠的一般情况、食物利用率均无明显影响；血液生化学检查，包括血清总蛋白、白蛋白、谷丙转氨酶、谷草转氨酶、葡萄糖、肌酐、尿素氮、尿酸、胆固醇及甘油三酯，均在正常值范围。心、肝、脾、肾、十二指肠的病理组织学检查结果均未见异常。实验结果表明，灵芝孢子粉对动物最大无毒作用剂量大于每日 3.0g/kg，是人体临床剂量的 100 倍。

(4) 灵芝颗粒剂长期毒性实验。

龚彬荣（2003）等对浙江某制药有限公司提供的灵芝颗粒剂进行了长期毒性检测。选取 10 g/kg、20 g/kg、40 g/kg 剂量按 0.01 mL/g 灌胃给药，连续 3 个月。

观察体质量、血常规、血液生化、脏器指数和病理组织学变化。实验结果显示，灵芝颗粒剂的3种不同剂量组未出现明显的毒性，实验结果说明，在上述剂量下连续服用灵芝颗粒剂3个月是安全的。

（5）灵芝软胶囊长期毒性实验。

傅颖等（2010）使用浙江某保健品有限公司提供的灵芝软胶囊对小鼠进行了30天喂养试验，实验结果显示，小鼠在生长发育、血液学、血液生化、脏体比及组织病理学方面未见异常的变化。实验结果说明，灵芝软胶囊在此实验剂量范围内是安全的。

3. 灵芝的遗传毒性临床试验

一般的遗传毒性试验包括鼠伤寒沙门氏菌、哺乳动物微粒体酶试验、小鼠骨髓微核率测定或骨髓细胞染色体畸变分析、小鼠精子畸形分析和睾丸染色体畸变分析、传统致畸试验等。

（1）灵芝浸提液遗传毒性试验。

孟国良等（1997）使用市售的赤芝浸提液分别做了成年小鼠遗传毒性和孕鼠及其胎鼠的遗传效应的实验。经抽取小鼠肝脏血液制片观察，通过统计学分析发现，实验组与对照组相比较无显著性差异。实验结果证明灵芝浸提液无遗传毒性。灵芝子实体的热水提取物进行小鼠腹膜内注射实验，并在24小时后检测淋巴细胞，评估小鼠体内基因毒性。实验结果显示，没有发现灵芝提取物导致染色体断裂的证据。

（2）灵芝孢子粉与孢子油遗传毒性试验。

李晔等（2007）使用福建某生物科技有限公司提供的灵芝孢子粉胶囊进行遗传毒性研究，在试验小鼠骨髓嗜多染红细胞微核试验、小鼠精子畸形试验中均呈阴性反应，未显示有遗传毒性作用，试验结果表明，灵芝孢子粉胶囊无毒性。孙晓明等（2000）对河南三门峡灵芝基地的赤芝进行鼠伤寒沙门氏菌、哺乳动物微粒体酶试验、骨髓微核试验及小鼠精子畸变试验，结果显示无突变作用，对生殖细胞也无致突变作用。破壁灵芝孢子粉通过微核试验、精子畸形试验，结果发现破壁灵芝孢子粉处理的各剂量组小鼠的骨髓细胞微核形成率和精子畸形率都未出现明显增加；在加与不加代谢活化系统条件下，破壁灵芝孢子粉处理的各剂量组的鼠伤寒沙门氏菌未出现恢复突变率升高情况。试验结果表明，破壁灵芝孢子粉不具有直接或间接的致突变作用，也未发现其具有遗传毒性。破壁灵芝孢子油的骨髓嗜多染红细胞微核实验与精子畸形实验均未发现破壁灵芝孢子油对小鼠有致突变作用。

（3）灵芝软胶囊遗传毒性试验。

傅颖等（2010）对灵芝软胶囊的遗传毒理学进行小鼠骨髓微核和小鼠精子畸形试验。试验结果显示，雌雄小鼠经口最大耐受剂量均大于 20g/kg。试验小鼠骨髓微核试验和小鼠精子畸形试验 3 项遗传毒性试验结果均为阴性，未出现遗传毒性。

（4）赤灵芝孢子粉对大鼠、小鼠骨髓细胞染色体的研究。

邓丽霞等（2002）采用大鼠致畸胎、小鼠骨髓细胞染色体畸变（CA）分析检测萌动激活赤灵芝孢子粉的致畸胎、致突变和抗突变性。结果发现，灵芝孢子粉对小鼠骨髓细胞 CA 率与阴性对照组比较差别无显著性。灵芝孢子粉对孕鼠体重、胚胎早期发育、胚胎生长发育以及胎鼠的骨骼发育和内脏器官发育均无不良影响。灵芝孢子粉各剂量对 40mg/kg、50mg/kg 环磷酰胺诱发的小鼠骨髓细胞染色体畸变率有明显的抑制作用，抑制率分别为 56.2%、34.1%、39.8% 和 67.8%、59.9%、52.0%，对 50mg/kg 环磷酰胺诱发的 CA 抑制率分别在 52.0% 以上，并有剂量反应关系。实验结果显示，萌动激活赤灵芝孢子粉未见致畸胎和细胞染色体损伤作用，对化学物引起的染色体损伤具有一定的拮抗或保护作用。

（5）崔文明等（2002）对灵芝水提取液的抗突变作用进行了研究。

用小鼠骨髓细胞微核试验、小鼠睾丸染色体畸变试验和体外哺乳动物细胞试验对灵芝水提取液的抗突变作用进行评价。实验结果显示，灵芝水提取液对环磷酰胺诱导的小鼠骨细胞微核发生率有明显的抑制作用，与对照组相比差异有显著性。对丝裂霉素诱导的中国仓鼠 V79 细胞的基因突变有抑制作用。与对照组相比，中、高剂量组的差异均有显著性；对环磷酰胺诱导的小鼠睾丸细胞染色体畸变无明显影响。试验表明在本试验条件下，灵芝水提取液有一定的抗突变作用。

（6）Lakshmi 等（2006）对来自南印度的灵芝子实体甲醇提取物的抗突变作用进行了观察。

采用 Ames 沙门菌致突变试验，用 TA98、TA100 和 TA102 等 3 株试验菌株。灵芝子实体甲醇提取物 1、2、3mg/平皿在体外明显抑制 N_aN_3、MNNG、NPD 和 B［a］P 所致突变作用，并呈现剂量依赖关系。在体给药的抗突变试验结果也表明，大鼠预先服用灵芝子实体甲醇提取物 500mg/kg，可有效对抗 B［a］P 的致突变作用。Chung 等（2001）从培养的赤芝菌丝体中纯化得到的水溶成分样品 A 和水不溶成分样品 C，采用 CHO 试验和 Ames 试验观察两样品的抗诱变作用。结果表明，样品 C 较样品 A 有更高的抗 4NQO 或 MMNG 导致的诱变作用（为 40% 比 25%）。

（7）郑克岩等（2005）通过小鼠骨髓细胞微核试验、小鼠睾丸染色体畸变和

Ames 试验观察了松杉灵芝多糖的抗突变作用。

结果表明，松杉灵芝多糖对 TA98、TA100 两株试验菌株，在加与不加大鼠肝 S9（体外代谢模型）时，均对阳性物致突变作用有抑制作用。口服不同剂量的松杉灵芝多糖 30 日，能明显拮抗环磷酰胺所致小鼠骨髓细胞微核率，但对于丝裂霉素 C 诱发小鼠睾丸染色体畸变无明显抑制作用。在报告灵芝无致突变作用的同时，国内外的一些研究指出，灵芝有抗突变作用，尤其对一些致突变物诱致的细胞突变有拮抗作用。

4. 灵芝对生物细胞作用的实验

灵芝三萜是灵芝中最主要的活性物质。研究发现，灵芝三萜是比较有效的胆汁酸受体（其核心功能是维持生理的胆汁酸稳态，包括葡萄糖和脂质代谢的调节）的配体。使用小白鼠的脾淋巴细胞对总三萜进行毒性评估的实验结果显示，即使暴露于总三萜中 72 小时，脾淋巴细胞仍然是存活的。这一结果说明，灵芝总三萜是无毒的。灵芝总三萜的抗辐射作用的研究结果表明，灵芝三萜类化合物可以有效地预防辐射对脾淋巴细胞的损伤。灵芝酸也是灵芝的重要药效物质，据文献报道，灵芝酸对小鼠巨噬细胞无任何细胞毒性作用。灵芝胶囊是市场上常见的灵芝产品，对其临床研究显示，老年志愿者口服灵芝胶囊后，受试者的 NK 细胞自然杀伤率和 T 淋巴细胞亚群的百分率均在正常值范围内，表明灵芝胶囊是安全的。

5. 灵芝安全性的其他实验

动物的急性及亚急性毒性实验证明，灵芝的毒性极低，与中医古籍记载的灵芝"温平无毒"一致。据文献报道，在亚急性毒性实验中，给幼大鼠灌胃饲以灵芝冷醇提取液（1.2/kg 及 12g/kg）共 30 日，结果对生长发育无不良影响。肝功能、心电图等未见明显异常，心、肝、肾、肺、脾、脑及肠等脏器的病理组织学检查亦未见明显异常。每日给狗灌胃灵芝冷醇提取液（12g/kg）共 15 日，然后再给灵芝热醇提取液（24g/kg）共 13 日，前后共给药 28 日，观察指标与大鼠亚急性毒性实验相同，结果也基本相同。

灵芝糖浆对小白鼠、兔及狗的亚急性毒性实验结果亦表明灵芝的毒性低，大剂量服药 10～20 日，对动物的食欲、体重、肝肾功能及血象均无不良影响。心、肺、肝、肾等重要脏器无明显病理改变。

给大鼠连续灌胃从灵芝子实体中提取的灵芝流浸膏（每 1g 相当于原药材 5.87g）10g/kg、20g/kg、40g/kg 共 3 个月，停药后继续观察 3 周，测试大鼠体重、血液学、血液生化学、脏器系数及病理组织学变化。结果显示，3 个剂量组与对照组比均无明显毒性。小鼠急性毒性试验时，灵芝流浸膏在 112.5g/kg（以生药量计）时，无小鼠死亡。复方灵芝（含灵芝浸膏粉 70%、破壁灵芝孢子粉 20%）对大鼠的亚急性毒性试验结果显示，在剂量为 1.65 g/kg、3.3 g/kg 和 6.6 g/kg 时，连续喂养 30 日，与蒸馏水对照组比较，复方灵芝组大鼠的摄食量、体重、肝、脾、肾重量和脏体比均无明显差异。复方灵芝组的血象（白细胞、红细胞、血红蛋白、淋巴细胞、嗜中性粒细胞）和血液生化（葡萄糖、白蛋白、胆固醇、尿素氮、谷丙转氨酶）检查结果也均在正常范围内。肝、肾病理组织学检查亦未见异常。

为了研究灵芝中重金属的污染状况及其对健康的影响，王远征等（2006）对北京市 20 种市售的不同产地灵芝样品中的砷（As）、汞（Hg）、铅（Pb）等重金属元素含量进行了测定。结果显示，灵芝中 As 含量范围为 0.016 ～ 0.239 mg/kg，平均值 0.117 mg/kg，Hg 含量范围从未检出到 0.43 mg/kg，平均值 0.115 mg/kg，Pb 含量范围从未检出到 0.256 mg/kg，平均值 0.047 mg/kg，As、Pb 含量均符合我国《药用植物及制剂进出口绿色行业标准》，Hg 有 5 例超标，占样品总数的 25%，主要是野生灵芝。健康风险初步评价结果表明，服用灵芝的人群，成人每人每日通过灵芝摄入 As、Hg、Pb 分别为 0.18 ～ 2.3μg、0.17 ～ 2.3μg、0.07 ～ 0.94μg，分别占每日允许摄入量的 0.14% ～ 1.9%、0.4% ～ 5.4%、0.03% ～ 0.4%，对人体健康风险不大。但是，对于个别野生灵芝和传统方法地栽的人工种植灵芝而言，每日摄入总汞量可达 0.47 ～ 6.24μg，占每日允许摄入量的 1.1% ～ 15%，对人体健康存在一定的风险，值得重视。

（张嘉莉，2019）

九

食品安全企业标准备案

（一）　广东省植物工厂智慧栽培企业标准备案

备案名称：智能气候栽培灵芝植物工厂

备案编号：Q/GDSZH　001—2017

发布时间：2017 - 10 - 01

实施时间：2017 - 10 - 01

起草单位：广东圣之禾生物科技有限公司

起 草 人：张北壮、杨学君、何绍清

目　录

前　言

本标准按照 GB/T 1.1 2009《标准化工作导则 第1部分：标准的结构与编写》的要求进行编写。

本标准附录 A 为规范性附录。

本标准由广东圣之禾生物科技有限公司提出并起草。

本标准主要起草人：张北壮、杨学君、何绍清。

本标准所代替标准的历次版本发布情况：Q/GDSZH　01—2017

1　范围

本标准规定了圣之禾灵芝植物工厂智能气候栽培的技术要求、栽培过程以及灵芝子实体和灵芝孢子粉的试验方法、检验规则、标签标志、包装贮存、运输要求。

2　规范性引用文件

下列文件对于本文件的应用是必不可少的。凡是注日期的引用文件，仅注日期的版本适用于本文件。凡是不注日期的引用文件，其最新版本（包括所有的修改单）适用于本文件。

下列文件对于本文件的应用是必不可少的。凡是注日期的引用文件，仅注日期的版本适用于本文件。凡是不注日期的引用文件，其最新版本（包括所有的修改单）适用于本文件。

GB 50073　　　　　　　洁净厂房设计规范

Q/GDSZH 002—2017　广东圣之禾生物科技有限公司企业标准 灵芝孢子粉灵芝三萜和灵芝粗多糖检验

GB 5009.3　　　　　　食品安全国家标准 食品中水分的测定

GB 5009.4　　　　　　食品安全国家标准 食品中灰分的测定

GB 5009.15　　　　　食品安全国家标准 食品中镉的测定

GB 5009.11　　　　　食品安全国家标准 食品中总砷及无机砷的测定

GB 5009.12　　　　　食品安全国家标准 食品中铅的测定

GB 5009.17　　　　　食品安全国家标准 食品中总汞及有机汞的测定

GB/T 5009.19　　　　食品中有机氯农药多组分残留量的测定

GB 4789.2　　　　　　食品安全国家标准 食品微生物学检验 菌落总数测定

GB/T 4789.3—2003　食品卫生微生物学检验 大肠菌群测定

GB 4789.4　　　　　　食品安全国家标准 食品微生物学检验 沙门氏菌检验

GB 4798.5　　　　　　食品安全国家标准 食品微生物学检验 志贺氏菌检验

GB 4789.10　　　　　食品安全国家标准 食品微生物学检验 黄金色葡萄糖球菌检验

GB 4789.11	食品安全国家标准 食品微生物学检验 β 型溶血性链球菌检验
GB 4789.15	食品安全国家标准 食品微生物学检验 霉菌和酵母计数
JJF1070	定量包装商品净含量计量检验规则
GB/T 191	包装储运图示标志
GB/T 6543	运输包装用单瓦楞纸箱和双瓦楞纸箱

3　术语和定义

3.1　圣之禾灵芝植物工厂

圣之禾智能气候技术：采用广东圣之禾生物科技有限公司的发明专利产品"散热板"、传感器、自动控制技术、物理消毒技术、雾化磁化技术，在一定的"工厂栽培车间"内模拟灵芝菌丝培养、子实体生长和喷粉的最佳的温度、湿度、光照、CO_2 的一种人工智能气候控制技术。栽培空间内的温度、湿度、CO_2 浓度、光照度在灵芝不同栽培阶段智能调整。

圣之禾灵芝植物工厂：采用圣之禾智能气候技术，参照洁净厂房设计规范，建设的灵芝智能气候栽培工厂。

3.2　圣之禾智能气候栽培

灵芝在灵芝植物工厂栽培车间内进行层架智能气候栽培，栽培车间内的温度、湿度，CO_2 浓度、光照度在灵芝不同栽培阶段智能调整。

整个生长过程不接触土壤，不会富集土壤的重金属；不喷洒农药，没有农药残留；灵芝孢子粉完全是在智能植物工厂的洁净车间内进行"喷粉""收粉"，没有灰尘。

3.3　圣之禾灵芝子实体

圣之禾灵芝植物工厂智能气候栽培的灵芝的子实体，称为圣之禾灵芝子实体，经低温平行送风智能烘干后的子实体称为圣之禾干子实体。

3.4　圣之禾灵芝孢子粉

圣之禾灵芝植物工厂智能气候栽培的灵芝在成熟后期由菌管弹射的担孢子，集中起来后呈粉末状的孢子粉，经低温平行送风智能烘干后的灵芝孢子粉称为圣之禾灵芝孢子粉。

4　菌种培养

圣之禾灵芝菌种采用液体菌种，菌种培养工艺流程：

品种筛选	→	优良菌株	→	孢子或组织分	→	试管 PDA 琼脂培养	→	三角瓶液体培养	→	发酵罐液体培养

表 1　菌种培养规范

步骤	操作规定	主要装备及环境条件	霉菌/虫害防治	文件记录
品种筛选	筛选具有较高药用价值的赤灵芝品种；液体菌种接种、15～20天（根据品种要求）培养、45天栽培（圣之禾智能气候栽培），破壁孢子粉经国家权威机构检测指标达到要求，连续3茬栽培试验重现性好	圣之禾灵芝植物工厂。栽培试验各阶段环境条件正常	绿色木霉防治：筛选抗杂性好、菌丝生长势强的品种不易被绿色木霉感染	灵芝栽培记录（试验）、孢子粉检测报告
菌种培养	经过40天栽培，选择生长强壮、较美外观的优良菌株，供取孢子或组织分离。圣之禾灵芝菌种采用液体菌种。 1）母种。孢子或组织分离，试管PDA琼脂培养，6～8天。 2）原种。三角瓶液体培养，8天。 3）栽培种。发酵罐液体培养，6天	栽培各阶段环境条件正常 十万级洁净实验室25～28℃	绿色木霉防治：严格挑选栽培种，要求种性纯正，菌丝生活力强，菌丝洁白、浓密、健壮、菌龄适宜，防止菌种带入绿色木霉	菌种培养记录

5　菌包生产

采用代料栽培方法，菌包生产工艺流程：

配料 → 装袋 → 灭菌 → 接种 → 培养

表2 菌包生产规范

步骤	操作规定	主要装备及环境条件	霉菌/虫害防治	文件记录
配料	选料：用阔叶树木屑（用壳斗科、杜英科、金缕梅科；严禁使用松、杉、樟、桉含油脂及芳香刺激性气味的树种），50～100mm目过筛，防刺穿培养袋造成杂菌感染；选料要求新鲜、无霉变，用前曝晒数天。 2）配料：菌包配方，木糠77%、麸皮15%、玉米粉5%、红糖0.5%、磷酸二氢钾0.5%、碳酸钙1%、石膏粉1%；pH最适为pH 5～6。 主料和辅料要充分拌匀，含水量60%左右	搅拌机	绿色木霉防治：选料新鲜、无霉变；配方合理，主料和辅料充分拌匀，含水量控制在60%左右	菌包生产记录
装袋	装料量1000g（干料400g），用聚乙烯袋装料（16.5×35 cm聚乙烯袋，菌包长19～19.5 cm）。装袋量要合适、松紧适度；套环，再将袋口翻转盖上具透气孔外环，必须用抖干净菌包表面（特别是靠近袋口附近）的培养料后，整齐立放在耐高温的塑料筐中	自动装袋机	绿色木霉防治：装袋量要合适、松紧适度，装好后立即进行灭菌处理，以防培养基酸化	菌包生产记录
灭菌	装好料后立即进行灭菌处理，以防培养基的酸化，灭菌要求彻底，高压高温抽真空灭菌，灭菌温度123℃，灭菌5小时。经过灭菌的菌包（保温到时间后），转移到经消毒处理的接种室缓冲间，开紫外灯照射（有人员在缓冲间工作时禁止打开紫外灯）	高压真空灭菌柜 万级洁净缓冲间	绿色木霉防治：灭菌彻底，灭菌过程中破损菌袋要重新装袋灭菌	菌包生产记录

（续上表）

步骤	操作规定	主要装备及环境条件	霉菌/虫害防治	文件记录
接种	1）消毒：接种提前 1 小时开紫外灯消毒，关紫外灯后接种人员才能进入接种室工作。紫外灯消毒时可将准备接种菌包放入接种室同时消毒处理，但是，菌种不能在紫外灯下照射。接种室工作 10 天后要用专用的空气消毒粉（用量为每立方米 4～8 克）或甲醛＋高锰酸钾（用量为每立方米 7 克高锰酸钾＋40% 甲醛 10 毫升）进行熏蒸消毒。消毒时将空气消毒粉瓷碗中点燃（或用高锰酸钾放在瓷碗中，再将甲醛到入碗中），操作人员立即退出接种室，密闭接种室 24 小时，然后开门、开排气扇将甲醛清除，即可进行接种工作。 2）接种：菌包内部温度降至≤ 28 ℃时可接种，在万级洁净间进行液体菌种接种，液体菌种接种量 20～30mL/包。 接种动作要尽量快捷、熟练，防止接种过程中带入杂菌和杂菌孢子。 由于空气中到处漂浮有绿色木霉的孢子，操作时不能因为肉眼看不见而麻痹大意	万级洁净接种室。22～25 ℃、60%～70 %	绿色木霉防治：适当加大接种量，使灵芝菌丝以绝对优势迅速占领培养基，减少杂菌污染，以菌抑菌；操作人员双手、衣物和接种工具、材料须严格消毒，操作人员戴上帽子，防头发上落有绿色木霉的孢子带入	菌包生产记录
标识	菌包培养成熟，长满菌丝后，做好菌包批次标识，标识方法：培养房号＋菌种＋菌包数＋开始培养日期	—	—	液体菌种

（续上表）

步骤	操作规定	主要装备及环境条件	霉菌/虫害防治	文件记录
培养	菌丝培养。层叠 10～12 层，培养 15～20 天（根据不同菌种通过试验栽培而定）	十万级洁净培养车间，22～25 ℃，相对湿度 60%～70%，CO_2 要求不严但要保持通风透气，遮光	绿色木霉防治：培养前培养车间彻底消毒灭菌	菌包生产记录
检查	翻包检查。每隔 5 天将菌包上下调动一次检查杂菌污染情况，清除被杂菌感染菌包。菌包培养成熟菌丝质量：菌丝洁白长满整个菌包，菌包表面出现浅黄色的菌皮，个别菌包出现原基，手指重压菌包有弹性	—	每隔 5 天将菌包上下调动一次检查杂菌污染情况，清除被杂菌感染菌包	菌包生产记录
检验	检验标准：检验菌包的菌丝质量（菌丝洁白，长满整个菌包）、外观质量（菌包无破损、菌包无感染、表面无杂物。）和菌包温度（菌包中心摄氏温度 15～18 ℃），以及菌包数量，做好菌包质量检验记录	—	—	—
运输	长途运输时，菌包采用冷冻车运输，在运输过程中必须保证车内摄氏温度在 15～18 ℃，在卸车过程中需保持在 18～20 ℃ 条件下进行。在装、卸、搬过程中不要损坏包装袋及造成菌包破损	—	—	将质量检验记录、送货单交司机
备注	菌包运输到出芝房前，应该提供菌包生产记录、菌包交货单（记录菌包袋数，总包数、品种，运输过程温度）	—	—	—

6 出芝管理

采用灵芝植物工厂智能气候栽培方法，出芝管理工艺流程：

表3　出芝管理规范

步骤	操作规定	主要装备及环境条件	霉菌/虫害防治	文件记录
标识	菌包移入出芝房之后，做好菌包出芝批次标识，标识方法： 出芝房号＋菌种＋菌包数＋开始栽培日期			
培养	稳定培养：菌包稳定培养，菌包移入出芝栽培车间后，菌包位置摆放整齐，稳定无光培养3～5天，当菌丝已布满整个菌包，并且菌包包表面已出现皱褶时可开包	温度23～25℃，湿度60%～70%，通风、无光	1）进入栽培车间必须穿工作服，洗手、换工作鞋。 2）菌包入栽培车间后，一直到栽培结束，栽培车间门一直要处于良好的关闭状态	灵芝栽培记录
开包	1. 开包操作 1）纱布消毒：将裁成30 cm×30 cm的干净纱布叠成小方块，放入广口瓶中（每个瓶可放10～20小块），然后倒入75%的酒精浸泡过面，浸泡30分钟消毒。 2）工具消毒：三角开口刀在火焰上烧2～3分钟，冷却后用75%酒精浸泡的纱布抹擦表面消毒（刀把用75%酒精抹擦消毒），用于拉开菌包口塑料盖的拉钩把手也用75%酒精浸泡过的纱布抹擦消毒3遍。 3）双手消毒：操作人员双手指甲要尽可能剪短，双手用75%酒精浸泡过的纱布抹擦消毒3遍。 4）开包操作：开包时，先由一人负责用消过毒拉钩把手将菌包塑料盖拉脱（尽量不要将菌包口的塑料袋与培养基拉开）。另外一人负责用消过毒的三角开口刀在菌包口中间插入2～3 cm，完成菌包开口操作。使用中的三角开口刀每完成10个菌包开口操作，并用75%酒精浸泡过的纱布抹擦表面消毒一次	智能气候车间：温度23～25℃，湿度：60%～70%，通风、白光	绿色木霉防治：夏季和秋季室外温度较高，是防治绿色木霉污染的重要时期。尤其是菌包开口时由于刀具或双手消毒不合格容易感染绿色木霉。 1）进入栽培车间必须穿工作服，洗手、换工作鞋。 2）开包后到开伞（栽培车间内80%灵芝直径长到6cm）时，不允许任何非操作人员进入栽培车间内，外来参观人员禁入	灵芝栽培记录

（续上表）

步骤	操作规定	主要装备及环境条件	霉菌/虫害防治	文件记录
出芝	智能气候栽培车间出芝管理周期约30天。 1. 环境管理 2）温度 —开包后5～7天，开始分化出子实体原基，最适温度25～28℃，白天25±2℃（12小时），晚上18±2℃（12小时）。 —菌芽形成至开片时，白天20～25℃，晚上低5～7℃。 ·子实体趋于成熟至开始散发孢子粉，白天25～30℃，晚上低5～7℃。 2）湿度 开包48小时内，湿度60%～70%。 开包48小时后，湿度80%～85%。 出现子实体原基（开口处白色凸起）时，湿度85%～90%。 ·子实体达到直径1 cm时，湿度90%～95%。子实体生长至成熟过程的颜色变化：白→浅黄→黄→红褐色，当子实体的边缘白色消失（边缘变红）时，表明子实体已成熟，开始喷射孢子。 ·当子实体黄白色的边缘逐渐缩小至2～3 mm时，湿度逐渐下降至70%～80%，这样才有利于孢子成熟。 ·子实体喷射孢子粉前5～7天，湿度70%。 3）CO_2 智能气候车间栽培的灵芝，在出芝期间 CO_2 要控制在350～400ppm，培养室内的 CO_2≥400ppm 时要及时通风循环，补充新鲜空气，降低 CO_2 浓度。 4）光照 智能气候车间栽培的灵芝在出芝期间要求光照强度为400～1500 lx。光照强度大，子实体柄和子实体盖生长迅速，粗壮，盖厚，但可能出现早熟现象。光照低于150 lx子实体生长不良，产孢子粉少。其中子实体原基（开口处白色凸起）长到直径2cm时，给红光600～650 lx，一直维护到80%的灵芝开伞时（8～10天）才停止补光。 2. 疏芝工作 对同一菌包原基形成过多，用75%消毒的锋利小刀从基部割去，每包保留1朵灵芝。疏芝原则为去弱留强，去密留疏	智能气候栽培车间，栽培各阶段环境条件正常（技术员每天校对温度、湿度、CO_2数值）	虫害防治：智能气候栽培灵芝的虫害主要是跳虫、木虱、大菌蚊和小蜘蛛。这四种昆虫不像灵芝造桥虫等几种害虫直接破坏子实体组织，它的危害主要是传播杂菌。因此，在栽培过程发现有少量跳虫、木虱、大菌蚊和小蜘蛛时不必立即处理，待采收完孢子粉和子实体后再进行灭菌杀虫消毒即可。 智能气候栽培车间的周围要加强防虫意识和防虫措施，做到进出关门（包括过道门和培养室门），防治灵芝谷蛾（蛀枝虫）、灵芝造桥虫（尺蠖蛾）、星狄夜蛾的成虫飞入室内繁殖。一旦发现有灵芝谷蛾（蛀枝虫）、灵芝造桥虫（尺蠖蛾）、星狄夜蛾的幼虫危害，采取人工捕杀方法除虫（不能喷洒农药）。 进出各排栽培车间通道及各个栽培车间都应该关门，防止栽培车间内飞进昆虫。 进入栽培车间必须穿工作服，洗手、换工作鞋	灵芝栽培记录

（续上表）

步骤	操作规定	主要装备及环境条件	霉菌/虫害防治	文件记录
检查	检查菌包：检查灵芝生长情况，发现灵芝及菌包发霉的要挑出，挑走后要用无感染的菌包替代，防止菌包坍塌	—	—	—

7 采收工作

喷孢子粉采用白布收集，采收工艺流程：

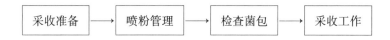

采收准备 ⟶ 喷粉管理 ⟶ 检查菌包 ⟶ 采收工作

表 4 采收工作规范

步骤	操作规定	主要装备及环境条件	霉菌/虫害防治	文件记录
采粉准备	灵芝子实体的边缘白色消失（边缘变红褐）时，表明子实体已成熟，随即开始喷射孢子。因个体生长发育差异原因，灵芝子实体成熟时间有先有后，可能相差 3～5 天。 1）接通气管：培养架内接入 3 条 2.54 cm 通气管，气体由下向上流动。 2）固定白布：先挑出子实体不成熟的菌包集中放在一个培养架上，在成熟的子实体四周围住干净的白布，用卡簧将白布固定，一个室围一张大白布，地面上放置白布。 用于封闭收粉的白布每隔 1.5 m 宽度缝一条 2 m 长度的拉链，拉链由下向上拉开。 3）铺塑料膜：在地面铺上塑料膜	—	白布在每次使用后需清洗、高温消毒后才能使用	灵芝栽培记录

（续上表）

步骤	操作规定	主要装备及环境条件	霉菌/虫害防治	文件记录
喷粉管理	智能气候栽培车间一般 25 ～ 30 天完成喷粉过程。 1. 环境管理 1）温度：孢子粉喷粉期间温度要求 25 ～ 28 ℃。通风良好的条件下 28 ℃是最适宜的温度，一般 25 ～ 30 天完成喷粉过程。如果在 25 ℃下需 30 ～ 35 天才能完成喷粉过程。 2）湿度：孢子粉喷期间湿度要求 60% ～ 70%，湿度太低时子实体喷粉量减少，湿度太高时子实体容易受杂菌感染。 3）CO_2：智能气候栽培的灵芝在子实体喷粉期间 CO_2 要控制在 350 ～ 400ppm。培养室内的 CO_2 ≥ 400ppm 时要及时通风循环，补充新鲜空气降低 CO_2 浓度（培养架内接入一条 2.54 cm 大通气管，气体由下向上流动）。 4）光照：智能气候栽培的灵芝，在子实体喷粉期间要求的光照强度为 200 ～ 300 lx。 2. 清理滤网 喷粉期间，新风过滤网两天清理一次，防止过滤网堵塞影响通风，造成灵芝生长畸形。 孢子粉当天放在密封的胶袋中，防止胶袋进水；清出的孢子粉密封包装做好标识	智能气候车间，栽培各阶段环境条件正常（技术人员每天校对温度、湿度、CO_2 数值）	白色霉菌防治：在子实体喷粉期间，用于白布封住培养架，通风透气较差，如果湿度太大，子实体容易受白色霉菌感染，严重时孢子粉上也会发生白色霉菌感染，造成孢子粉结块霉变，失去食用价值。白色霉菌扩散非常快，一旦发现子实体上出现米粒般大小的白色霉菌应立即将杂菌剔除。当 1/5 的菌包感染白色霉菌时，应立即采收孢子粉。 喷粉期间，栽培车间不能有凝露和积水现象，若有则及时处理，防止孢子粉发霉	灵芝栽培记录
检查菌包	技术人员每天要拉开白布，用手电筒照射仔细检查菌包喷粉情况，一旦发现有杂菌感染的菌包，立即将该菌包清出培养架（动作要轻，以免将杂菌撒在其他子实体上）	—	—	—

（续上表）

步骤	操作规定	主要装备及环境条件	霉菌/虫害防治	文件记录
采收工作	1. 采收孢子粉 1）收粉时机 灵芝子实体喷粉过程需 25～30 天，喷粉时间太短影响产量，时间太长孢子粉容易变质。生产过程中要根据实际情况确定收粉时间，发现子实体已停止喷射孢子时即可收粉。观察发现菌盖褐色孢子弹射量逐渐减少时合适的 收粉时机。 2）收粉方法 ·正常孢子粉收粉时，将培养架正面的白布从上方开始取下卡簧（培养架两侧和顶部的白布待全部菌包的孢子粉采收完后才取下），用排扫从上往下将白布上的孢子粉扫干净。培养架正面的白布拆剩约 50 cm 时，连同底下一条卡簧暂时不要取下，以防止孢子粉掉落地下。 收粉时，从最上一层菌包开始收粉，将孢子粉扫入容器（桶和盆均可）内。 ·管道、风机、滤网孢子粉，要在室内收完正常孢子粉后收集； ·门窗、框架孢子粉，在喷粉管理过程中及清理完管道和风机内孢子粉后集中清理。 ·地面上塑料薄膜的孢子粉最后清理。 孢子粉当天放在密封的胶袋中，防止胶袋进水。 2. 采收子实体 灵芝子实体采收孢子粉后，用界纸刀在子实体柄部切断，鲜子实体时不用清水冲洗干净表面	—	进入栽培车间必须穿工作服，洗手、换鞋	灵芝栽培记录
采收标识	采收后在栽培记录上和包装上做好采收批次标识，标识方法： 出芝房号＋菌种＋菌包数＋开始栽培日期＋品名等级/采收日期。 品名：B1 表示"布内、滤网、风机粉"；B2 表示"管道、门窗、框架粉"；B3 表示"地面、其他粉"；B4 表示"发霉粉"；Z1 表示"子实体切片"；Z2 表示"子实体碎片"	—	—	—

8. 车间灭菌

表5 车间灭菌规范

步骤	操作规定	主要装备及环境条件	霉菌/虫害防治	文件记录
清理	1）清理培养车间：菌包从培养车间移出后，清理杂物。 2）清理出芝车间：采收孢子粉和子实体后，不再二次出芝。立即从栽培车间清理废菌包、菌渣、垃圾。 以上清理出的物料并且运到离培养室50 m以外地方暂时堆放，或直接运往场地外，以免杂菌污染生产场地	手推车	—	灵芝栽培记录
清洗	培养车间和出芝车间清理完杂物、废菌包、菌渣、垃圾后，用高压水枪将出芝房冲洗干净，清洗通风管道、地面、风机、栽培架、换热器，特别要冲洗死角的地方，然后通风干燥。清洗3次。 其中出芝车间的通风管道在每次收粉后必须清理积存孢子粉，防止影响下一茬灵芝的生长	高压水枪	搞好环境卫生对防止污染能起到事半功倍的效果	灵芝栽培记录
灭菌	1）清洗：菌包搬入车间前2天要进行再清洗1次。 2）消毒：用电功能酸水喷雾灭菌30分钟，之后电功能碱水中和30分钟；用紫外灯灭菌2小时，以上重复3次，在一天之内进行完毕，之后贴封条禁入	智能气候车间	—	灵芝栽培记录

9 烘干包装

表6 烘干包装规范

步骤	操作规定	主要装备及环境条件	霉菌/虫害防治	文件记录
鲜料入库	将子采收的鲜孢子粉、鲜子实体入库冷冻5℃条件下储存，做好标识与记录；仓管开具鲜料入库单	—	—	鲜料入库单

（续上表）

步骤	操作规定	主要装备及环境条件	霉菌/虫害防治	文件记录
产品烘干	1）孢子粉烘干 灵芝孢子粉采收后立即放在铝制容器内，上盖经消毒后的白布，在 50～55 ℃真空烘干。 灵芝孢子粉含水量≤5%时达到烘干质量标准。 过筛：孢子粉达到标准含水率时，用 150 目标准钢筛过筛，去除杂质，按每袋 2.5 kg 抽真空包装，置15 ℃下避光干燥储存。 2）子实体烘干 切片：将子实体切片，不能及时烘干时，要将子实体切片放入 5 ℃冰柜中暂时储存。 烘干：将子实体切片放在烘干框内，在 60～70 ℃烘干。 灵芝子实体切片含水率≤12%时达到烘干质量标准	平行送风烘干机	—	灵芝加工记录
产品包装	1）包装重量 孢子粉：按每袋 2.5 kg 抽真空包装。 子实体：按每袋 10 kg 抽真空包装。 2）包材要求 采用真空包装，封装应平整严密，破壁灵芝孢子粉应避光，各种包装材料应符合相应的国家卫生标准及产品质量要求，净含量及允许负偏差应符合《定量包装商品计量监督管理办法》的规定。 外包装用符合 GB/T 6543 要求的瓦楞纸箱，包装纸箱应捆扎牢固，正常运输，装卸时不得松散。 可根据市场发展需求，发展新的包装材料和包装规格，新的包装材料和包装规格符合国家标准相关要求	万级洁净、无菌车间，25 ℃室温，紫外灯消毒	进入包装车间的人员应按规定程序进行更衣	—
标识标签	1）标识：烘干后在加工记录上做好烘干批次标识，标识方法：菌种＋品名等级＋H/烘干日期。 2）标签：产品标签按 GB/T 191 规定执行	—	—	—

10　产品储存

表7　产品储存规范

步骤	操作规定	主要装备及环境条件	霉菌/虫害防治	文件记录
产品储存	产品应贮存于干燥、卫生、低温（15℃下干燥避光储存）仓库内，严禁与有毒、有害、有异味、有污染的物品混放。产品堆放应用离地面10 cm以上的木制或塑料垫板铺垫地面，产品堆垛应离四周墙壁50cm以上	干燥、低温洁净仓库	—	成品库存记录

11　质量检验

表8　质量检验规范

步骤	操作规定	主要装备及环境条件	检验判定规则	文件记录
质量检测	1．质量检验分析 产品出厂前由公司质量检验部门按本标准的规定进行逐批检验，合格后方可出厂，并签发合格证。工厂应该保证所有出厂的产品都符合本标准的要求。每批出厂的产品都应该附有质量证明书。并对留样观察的样品定期进行复检。 1）组批原则与取样方法 同一菌种、同一批次烘干的产品为一批。同一批产品中，在检验外部包装之后，挑出一定件数，进行抽样。按袋数的0.5%抽取样品进行分析，最少不得少于2袋，同一菌种连接3个批次抽查产品均合格时，以后按季度抽样，每6个月1次，抽样数为2袋。样品号标识如下： 标识方法：菌种＋品名等级＋H/烘干日期＋检验日期。 2）出厂检验项目：包括感官要求中的全部项目、标志性成分、净含量以及理化指标中的水分、灰分、镉、汞、砷、铅。微生物指标中的菌落总数、大肠菌群、霉菌和酵母不做检测。 2．质量证明证书：在产品包装盒内附第三方检测报告作为产品质量证明证书。同一菌种连接3个批次抽查产品均合格时，以后每6个月抽样1次，6个月内按上次最近的同一菌种的第三方检测报告作为6个月内的产品质量证明证书	—	判定规则： 1）检验项目全部符合标准判为合格品。 2）检验项目如有一项（微生物检验项目除外）不符合本标准，可以加倍抽样复检。复检后如不符合本标准，判为不合格品	第三立权威检验单位的检测报告

12 出库运输

表 9 出库运输规范

步骤	操作规定	主要装备及环境条件	霉菌/虫害防治	文件记录
出库	仓管开具出库单	—	—	出库单
运输	运输工具应清洁、卫生、干燥，不能与有毒、有害、有污染和放射性物质混运。运输时防止挤压、暴晒、雨淋、防潮。装卸时轻拿轻放	—	—	—

13 保质期限

符合上述"产品储存"中的贮存条件产品保质期为 24 个月。

14 文件记录

相关文件记录，档案保存 3 年。

15 附录

附录 A

（规范性附录）

灵芝子实体和灵芝孢子粉质量标准

圣之禾灵芝子实体（切片）、圣之禾灵芝孢子粉烘干后的质量指标包括感官标准及理化指标：

表 A 产品感官特色

指标	灵芝子实体感官标准	未破壁灵芝孢子粉感官标准
色泽	赤褐色，表面有油状光泽	粉状细腻滑嫩，咖啡色
滋味及气味	具菌香味，有的品种微苦味	清香味，无异味
性状	无虫体、无霉变	均匀粉末、无结块、无可外来杂质；在扫描电镜下，孢子呈近椭圆形至卵圆形，大小为直径 5 μm，长度 8 ~ 10 μm，较小的一端的端部有萌发孔，表面呈多孔结构

表B 产品理化指标

指标	检测方法	灵芝子实体理化指标	未破壁灵芝孢子粉理化指标
灵芝三萜（以熊果酸计，g/100g）	Q/GDSZH 002—2017	≥1.0	≥2.0
灵芝粗多糖（以葡萄糖计 g/100g）	Q/GDSZH 002—2017	≥0.5g	≥0.8
水分（g/100g）	GB5 5009.3	≤10	≤10
灰分（g/100g）	GB 5009.4	≤3	≤3
过氧化值（mg/g）	—		≤25
镉（mg/kg）	GB 5009.15	≤0.2	≤0.2
汞（mg/kg）	GB 5009.17	≤0.2	≤0.2
砷（mg/kg）	GB 5009.11	≤0.5	≤0.5
铅（mg/kg）	GB 5009.12	≤0.5	≤0.5
六六六（mg/kg）	GB/T 5009.19	≤0.05	≤0.05
滴滴涕（mg/kg）	GB/T 5009.19	≤0.05	≤0.05
备注	1. 鲜灵芝子实体只检验灵芝三萜指标：≥1.0%（烘干水分至 ≤12%后计）。 2. 未破壁灵芝孢子粉的微生物指标中的菌落总数、大肠菌群、霉菌和酵母不做检测		

表C 灵芝孢子粉质量分级标准

项目	指标		
	A级	B级	C级
灵芝三萜（以熊果酸计），g/100g	≥8.0	≥4.0	≥2.0
粗多糖（以葡萄糖计），g/100g	≥1.2	≥1.0	≥0.8
水分（g/100g）	≤8	≤9	≤10
灰分（g/100g）	≤3	≤3	≤3
过氧化值（mg/g）	≤10	≤15	≤25

◯（二）　广东省食品安全企业标准备案

备案名称：破壁灵芝孢子粉

备案编号：Q/GDSZH　002—2017

发布时间：2017 -10 -01

实施时间：2017 -10 -01

起草单位：广东圣之禾生物科技有限公司

起 草 人：张北壮、杨学君、何绍清

目　录

前言

1. 范围

2. 规范性引用文件

3. 技术要求

4. 试验方法

5. 检测规定

6. 标签、标志、包装、运输、贮存、保质期

7. 附录 A：标志性成分灵芝三萜和粗多糖的测定

8. 附录 B：灵芝孢子粉质量标准

前　言

本标准按照 GB/T 1. 1 2009《标准化工作导则 第 1 部分：标准的结构与编写》的要求进行编写。

本标准附录 A、附录 B 为规范性附录。

本标准由广东圣之禾生物科技有限公司提出并起草。

本标准主要起草人：张北壮、杨学君、何绍清。

本标准所代替标准的历次版本发布情况：Q/GDSZH　02—2017

1. 范围

本标准规定了破壁灵芝孢子粉的技术要求、生产加工过程卫生的要求、试验方法、检验规则、标签、标志、包装、运输、贮存、保质期。

本标准适用于以灵芝孢子粉为原料，经过破壁、装袋、内包装、辐照灭菌、外包装等主要工艺加工制成的具有增强免疫力保健功能的灵芝破壁孢子粉，其标志性成分为灵芝三萜和粗多糖。

2. 规范性引用文件

下列文件对于本文件的应用是必不可少的。凡是注日期的引用文件，仅注日期的版本适用于本文件。凡是不注日期的引用文件，其最新版本（包括所有的修改单）适用于本文件。

下列文件对于本文件的应用是必不可少的。凡是注日期的引用文件，仅注日期的版本适用于本文件。凡是不注日期的引用文件，其最新版本（包括所有的修改单）适用于本文件。

GB 50073	洁净厂房设计规范
GB 5009.3	食品安全国家标准 食品中水分的测定
GB 5009.4	食品安全国家标准 食品中灰分的测定
GB 5009.15	食品安全国家标准 食品中镉的测定
GB 5009.11	食品安全国家标准 食品中总砷及无机砷的测定
GB 5009.12	食品安全国家标准 食品中铅的测定
GB 5009.17	食品安全国家标准 食品中总汞及有机汞的测定
GB/T 5009.19	食品中有机氯农药多组分残留量的测定
GB 4789.2	食品安全国家标准 食品微生物学检验 菌落总数测定
GB/T 4789.3—2003	食品卫生微生物学检验 大肠菌群测定
GB 4789.4	食品安全国家标准 食品微生物学检验 沙门氏菌检验
GB 4798.5	食品安全国家标准 食品微生物学检验 志贺氏菌检验
GB 4789.10	食品安全国家标准 食品微生物学检验 黄金色葡萄糖球菌检验
GB 4789.11	食品安全国家标准 食品微生物学检验 β型溶血性链球菌检验
GB 4789.15	食品安全国家标准 食品微生物学检验 霉菌和酵母计数
JJF1070	定量包装商品净含量计量检验规则
GB/T 191	包装储运图示标志
GB/T 6543	运输包装用单瓦楞纸箱和双瓦楞纸箱

3．技术要求

3.1 原辅料要求

破壁灵芝孢子粉：应符合附录 B 的规定。

3.2 感官要求

应符合表 1 的规定

表 1　感官要求

项　目	指　标
色泽	内容物呈棕褐色
滋味和气味	具本品特有清香味
性状	内容物为粉末状至微小颗粒状
杂质	无肉眼可见的外来杂质

3.3 功能要求

增强免疫力。

3.4 标志性成分指标

应符合表 2 的规定。

表 2　标志性成分指标

项　目	指　标		
	A 级	B 级	C 级
灵芝三萜（以熊果酸计），g/100g	≥8.0	≥4.0	≥2.0
粗多糖（以葡萄糖计），g/100g	≥1.2	≥1.0	≥0.8

3　5　理化指标

应符合表 3 的规定。

表 3　理化指标

项　目	指　标
水分，%	A 级≤6，B 级≤8，C 级≤10
灰分，%	≤3
过氧化值，（mg/g）	A 级≤10，B 级≤15，C 级≤25
镉（以 Ge 计），mg/kg	≤0.2

（续上表）

项　目	指　标
汞（以 Hg 计），mg/kg	≤0.2
砷（以 As 计），mg/kg	≤0.5
铅（以 Pb 计），mg/kg	≤0.5
六六六，mg/kg	≤0.05
滴滴涕，mg/kg	≤0.05

3.6　微生物指标

符合表 4 的规定。

表 4　微生物指标

项　目	指　标
菌落总数，cfu/g	≤1000
大肠菌群，MPN/100g	≤40
霉菌计数，cfu/g	≤25
酵母计数，cfu/g	≤25
致病菌（指沙门氏菌、志贺氏菌、黄金色葡萄球菌、溶血性链球菌）	不得检出

3.7　净含量及允许负偏差

应符合国家质量监督检验检疫总局（2005）第 75 号令的规定。

3.8　辐照要求

以钴^{60}Co 产生的 γ 射线 4.0kGy 剂量辐照灭菌。

3.9　生产加工过程卫生要求

应符合 GB 16740 的要求。

4　试验方法

4.1　感官检验

按 GB 16740 规定的方法测定。

取完整包装的样品开瓶后，倒在洁净的观察器皿中，自然光下肉眼观察，用目测、鼻嗅、口尝、手摸方法时行检验，检查其色泽、滋味、气味、性状及杂质。

4.2　标志性成分检验

4.2.1　灵芝三萜

按照附录 A 规定的方法测定。

4.2.2 粗多糖

按照附录 A 规定的方法测定。

4.3 理化检验

4.3.1 水分

按 GB 5009.3 规定的方法测定。

4.3.2 灰分

按 GB 5009.4 规定的方法测定。

4.3.3 镉

按 GB 5009.15 规定的方法测定。

4.3.4 汞

按 GB 5009.17 规定的方法测定。

4.3.5 砷

按 GB 5009.11 规定的方法测定。

4.3.6 铅

按 GB 5009.12 规定的方法测定。

4.3.7 六六六

按 GB/T 5009.19 规定的方法测定。

4.3.8 滴滴涕

按 GB/T 5009.19 规定的方法测定。

4.4 净含量及负偏差的测定方法

按照 JJF 1070 规定的方法测定。

4.5 微生物检验

4.5.1 菌落总数

按照 GB 4789.2 规定的方法检验。

4.5.2 大肠菌群

按照 GB/T 4789.3—2003 规定的方法检验。

4.5.3 霉菌和酵母计数

按 GB 4789.15 规定的方法检验。

4.5.4 致病菌（指沙门氏菌、志贺氏菌、黄金色葡萄球菌、溶血性链球菌）

分别按 GB 4789.4、GB 4789.5、GB 4789.10 和 GB 4789.11 规定的方法检验。

5 检测规定

5.1 检测分类

产品检验分为原辅料入库检验、出厂检验和型式检验。

5.2 原辅料入库检验

5.2.1 原辅料购买时必须进行合格检验。

5.2.2 检验合格的准予入库，并标示合格品标记；检测不合格不许入库。

5.3 出厂检验

5.3.1 产品出厂前由公司质量检验部门按本标准的规定进行逐批检验，合格后方可出厂，并签发合格证。工厂应该保证所有出厂的产品都符合本标准的要求。每批出厂的产品都应该附有质量证明书。并对留样观察的样品定期进行复检。

5.3.2 组批原则与取样方法

一次投料、同一生产线、同一班次生产的同一生产日期、同一规格的产品为一批。同一批产品中，在检验外部包装之后，按表5规定，挑出一定件数，进行抽样。

表5 取样办法

项 目	应抽样个数
产量在5000盒（瓶）以下	按0.4%抽取样品
产量在5000～10000盒（瓶）之间	按0.2%抽取样品
产量在10000盒（瓶）以上	按0.1%抽取样品

备注：每批按不少于20盒（瓶）随机抽样。其中10瓶用于感官指标、理化指标检验，5瓶用于微生物指标检验，2瓶用于标志性成分指标检验，3瓶留样备查。

出厂检验项目包括感官要求中的全部项目、标志性成分、净含量以及理化指标中的水分、灰分、微生物指标中的菌落总数、大肠菌群、霉菌和酵母。

5.4 型式检验

5.4.1 型式检验项目为技术要求中的全部项目及标签。

5.4.2 正常生产每年应进行一次型式检验。有下列情况之一，亦应进行型式检验：

a：出厂检验与上次型式检验有较大差异时；

b：国家保健食品监督机构提出进行型式检验的要求时；

c：原辅料产地或供应商发生变化时；

d：长期停产达3个月，恢复生产时；

e：更换主要生产设备时；

f：产品定型投产时。

5.5 判定规则

5.5.1 检验项目全部符合标准判为合格品.

5.5.2 检验项目如有一项（微生物检验项目除外）不符合本标准，可以加倍抽样复检。复检后如不符合本标准，判为不合格品。

5.5.3 微生物检验项目如有一项不符合标准，判为不合格品，不应复检。

6 标签、标志、包装、运输、贮存、保质期

6.1 标签

应符合 GB 7718 以及 GB 16740 及《保健食品标识规定》的规定。

6.2 标志

运输包装上贮运图示应符合 GB/T 191 的规定。

6.3 包装

1g/袋、2g/袋或80g/瓶，产品的内包装材料采用符合 YBB YBB00272002 的要求，且密封良好；外包装用符合 GB/T 6543 要求的瓦楞纸箱，包装纸箱应捆扎牢固，正常运输，装卸时不得松散。

可根据市场发展需求，发展新的包装材料和包装规格，新的包装材料和包装规格应符合国家标准相关要求。

6.4 运输

运输工具应清洁、卫生、干燥，不能与有毒、有害、有污染和放射性物质混运。运输时防止挤压、暴晒、雨淋、防潮。装卸时轻拿轻放。

6.5 贮存

产品应贮存于干燥、卫生、低温（15 ℃下干燥避光储存）仓库内，严禁与有毒、有害、有异味、有污染的物品混放。产品堆放应用离地面10 cm 以上的木制或塑料垫板铺垫地面，产品堆垛应离四周墙壁50cm 以上。

6.6 保质期

符合6.5的贮存条件产品保质期为24 个月。

附录 A （规范性附录）
标志性成分灵芝三萜和粗多糖的测定

A1：灵芝三萜的测定

A1.1 原理

以三萜类化合物熊果酸为对照品，以冰醋酸香草醛和高氯酸显色，在一定的浓度范围内，其吸光度与化合物含量符合比尔定律，可进行比色定量。

A1.2 仪器

A1.2.1 分光光度计

A1.2.2 水浴锅

A1.3 试剂

A1.3.1 高氯酸：分析纯

A1.3.2 冰乙酸：分析纯

A1.3.3 乙酸乙酯：分析纯

A1.3.4 5%香草醛－冰乙酸：称取香草醛0.5g，加入冰乙酸10mL，溶解即可。

A1.3.5 对照品溶液：取熊果酸对照品（购自中国食品药品检定研究院）10mg，精密称定，置100mL容量瓶中，用乙酸乙酯溶解并稀释至刻度，摇匀，制成0.1mg/mL的对照品储备液。

A1.4 标准曲线的制备

分别精密量取对照品储备液0.00、0.10、0.20、0.40、0.60、0.80、1.00、1.20mL，置10mL比色管中，于沸水浴上蒸干，加入5%香草醛－冰乙酸0.2mL，高氯酸0.8mL，在65℃水浴中加热15min并移入冰水浴中（约5min），再加入冰乙酸5.00mL，摇匀，并置于室温15min后用分光光度计于548.1nm波长下，测定对照品溶液的吸光度值。以各溶液中熊果酸的质量为横坐标，吸光度值为纵坐标，绘制标准曲线。

A1.5 样品处理

取样品内容物适量，精密称定（m_2，称样量可根据样品浓度调整），置50mL（V_1）容量瓶中，加入乙酸乙酯40mL，超声提取（200W，40kHz）30min，取出，放冷至室温，加入乙酸乙酯至刻度，摇匀，过滤，弃去初滤液，精密量取续滤液1mL（V_2），置10mL（V_3）容量瓶中，加入乙酸乙酯至刻度，摇匀（稀释倍数可根据样品浓度调整），即得。

A1.6 样品测定

精密量取供试品溶液1mL（V_4），置10mL比色管中，于沸水浴上蒸干，按A1.4项标准曲线的制备，自"精密加入5%香草醛－冰乙酸0.2mL和高氯酸0.8mL"起，同法测定吸光度值。从标准曲线上查出测定液中相当于熊果酸的灵芝三萜的量（mL），计算样品中灵芝三萜的含量（以熊果酸计）。

A1.7 结果计算

$$X = （m_1 × V_3 × V_1 × 100）/（m_2 × V_4 × V_2 × 1000）$$

式中：

X：样品中灵芝三萜的含量（以熊果酸计），g/100g；

m_1：从标准曲线上查出的相当于熊果酸的灵芝三萜的量，mg；

V_1：样品提取液的总体积，mL；

V_2：稀释时所提取样品提取液的体积，mL；

V_3：供试品溶液总体积，mL；

V_4：用于测定的供试品溶液的体积，mL；

m_2：样品称取量，g。

$A2$：粗多糖的测定

A2.1　原理

多糖经乙醇沉淀分离后，去除其他可溶性糖及杂质的干扰，再与苯酚－硫酸作用成橙红色化合物，其呈色强度与溶液中糖的浓度成正比，在 485 nm 波长下比色定量。

A2.2　仪器

A2.2.1　分光光度计

A2.2.2　离心机（4000r/min）

A2.2.3　漩涡混合器

A2.3.4　水浴锅

A2.3　试剂

A2.3.1　无水乙醇

A2.3.2　80%（N/V）乙醇溶液：20mL 水中加入无水乙醇 80mL，混匀。

A2.3.3　葡萄糖对照品储备液：取干燥至恒重的葡萄糖对照品适量，精密称定，加水溶解并稀释制成 1mL 含葡萄糖 0.1g 的溶液。

A2.3.4　5% 苯酚溶液（w/v）：称取精制苯酚 0.5g，加水溶解并稀释至 100mL，混匀。溶液置冰箱中可保存 1 个月。

A2.3.5　浓硫酸

A2.4　标准曲线的制备

分别精密量取葡萄糖对照品储备液 0、0.2、0.4、0.6、0.8、1.0mL 于 10mL 比色管中，加水至 1mL，加 5% 精制苯酚溶液 0.5mL，漩涡混合器混匀，小心加入浓硫酸 5.0mL 后，于漩涡混合器上小心混匀，置沸水浴中煮沸 2min，冷却至室温后用分光光度计在 485 nm 波长处，以试剂空白溶液为参比，1cm 比色皿测定吸光度值。以葡萄糖质量为横坐标，吸光度值为纵坐标，绘制标准曲线。

A2.5　样品处理

取样品内容物适量，精密称定，置 100mL 容量瓶中，加水 80mL，于沸水浴上加热 1h，冷却至室温后补加至刻度（V_1），摇匀，过滤，精密量取滤液 5.0mL（V_2），置 50mL 离心管中，加入无水乙醇 20mL，漩涡混合器混匀，4 ℃放置过夜，以 3600r/min 离心 6min，弃去上清液。残渣用 80% 乙醇（v/v），溶液 8mL 洗涤，

3600r/min 离心 6min，离心后弃上清液，反复操作 2 次。残渣用水溶解并稀释至 5mL（V_3），摇匀，精密量取 2mL（V_4），加水稀释至 10mL（V_5）。

A2.6 样品测定

精密量取供试品溶液 1mL（V_6），置 10mL 比色管中，加入 5% 苯酚溶液 0.5mL，在漩涡混合器上混匀后，小心加入浓硫酸 5mL 后，于漩涡混合器上小心混匀，置沸水浴中煮沸 2min，冷却至室温后用分光光度计在 485 nm 波长处，以试剂空白溶液为参比，从标准曲线上查出葡萄糖的质量，计算样品中粗多糖（以葡萄糖计）含量。

A2.7 结果计算

$$X = （m_1 \times V_5 \times V_3 \times V_1 \times 0.9 \times 100）／（m_2 \times V_6 \times V_4 \times V_2 \times 1000）$$

式中：

X：样品中粗多糖含量（以葡萄糖计），g/100g；

m_1：从标准曲线上查出样品测定液中葡萄糖的质量，mg；

m_2：样品质量，g；

V_1：样品提取液总体积，mL；

V_2：沉淀粗多糖所用样品提取液体积，mL；

V_3：粗多糖溶液总体积，mL；

V_4：用于稀释的粗多糖溶液体积，mL；

V_5：稀释后粗多糖溶液体积，mL；

V_6：测定用样品液体积，mL；

0.9：葡萄糖换算为粗多糖的系数。

附录 B　（规范性附录）

灵芝孢子粉质量标准

表 B1　产品感官特色

指标	未破壁灵芝孢子粉感官标准
色泽	粉状细腻滑嫩，咖啡色
滋味及气味	清香味，无异味
性状	均匀粉末、无结块、无可外来杂质；在扫描电镜下，孢子呈近椭圆形至卵圆形，大小为直径 5 μm，长度 8 ～ 10 μm，较小的一端的端部有萌发孔，表面呈多孔结构

表 B2　产品理化指标

指　　标	检测方法	破壁灵芝孢子粉理化指标
破壁率,%		≥95
灵芝三萜（以熊果酸计，g/100g）	Q/GDSZH 002—2017	≥2.0
灵芝粗多糖（以葡萄糖计 g/100g）	Q/GDSZH 002—2017	≥1.0
水分（g/100g）	GB5 5009.3	≤6
灰分（g/100g）	GB 5009.4	≤3
过氧化值（mg/g）	—	≤25
镉（mg/kg）	GB 5009.15	≤0.2
汞（mg/kg）	GB 5009.17	≤0.2
砷（mg/kg）	GB 5009.11	≤0.5
铅（mg/kg）	GB 5009.12	≤0.5
六六六（mg/kg）	GB/T 5009.19	≤0.05
滴滴涕（mg/kg）	GB/T 5009.19	≤0.05

表 B3　微生物指标

菌落总数，cfu/g	GB 4789.2	≤1000
大肠菌群，MPN/100g	GB/T 4789.3—2003	40
霉菌计数，cfu/g	GB 4789.15	≤50
酵母计数，cfu/g	GB 4789.15	
致病菌（沙门氏菌、志贺氏菌、金黄色葡萄球菌）	GB4789.4、GB4789.5 GB4789.10、GB4789.11	不得检出

（三）　广东省食品安全企业标准备案

备案名称：灵芝孢子油软胶囊

备案编号：Q/GDSZH　003—2017

发布时间：2017 - 10 - 01

实施时间：2017 - 10 - 01

起草单位：广东圣之禾生物科技有限公司

起 草 人：张北壮、杨学君、何绍清

目 录

前 言

本标准按照 GB/T 1.1　2009《标准化工作导则 第 1 部分：标准的结构与编写》的要求进行编写。

本标准附录 A、附录 B 为规范性附录。

本标准由广东圣之禾生物科技有限公司提出并起草。

本标准主要起草人：张北壮、杨学君、何绍清。

本标准所代替标准的历次版本发布情况：Q/GDSZH　03—2017

1　范围

本标准规定了灵芝孢子油软胶囊的技术要求、生产加工过程卫生的要求、实验方法、检验规则、标签、标志、包装、运输、贮存、保质期。

本标准适用于以灵芝孢子油、明胶、甘油、纯化水为主要原料，经压丸、干燥、包装等主要工艺制成的具有增强免疫力保健功能的灵芝孢子油软胶囊，其标志性成分为总三萜。

2　规范性引用文件

下列文件对于本文件的应用是必不可少的。凡是注日期的引用文件，仅注日期的版本适用于本文件。凡是不注日期的引用文件，其最新版本（包括所有的修改单）适用于本文件。

GB/T 191	包装储运图示标志
GB 4789.2	食品安全国家标准 食品微生物学检验 菌落总数测定
GB 4789.3	食品卫生微生物学检验 大肠菌群测定
GB 4789.4	食品安全国家标准 食品微生物学检验 沙门氏菌检验
GB 4798.5	食品安全国家标准 食品微生物学检验 志贺氏菌检验
GB 4789.10	食品安全国家标准 食品微生物学检验 黄金色葡萄糖球

菌检验

GB 4789.11	食品安全国家标准 食品微生物学检验 β 型溶血性链球

菌检验

GB 4789.15	食品安全国家标准 食品微生物学检验 霉菌和酵母计数
GB 5009.4	食品安全国家标准 食品中灰分的测定
GB 5009.11	食品安全国家标准 食品中总砷及无机砷的测定
GB 5009.12	食品安全国家标准 食品中铅的测定
GB 5009.17	食品安全国家标准 食品中总汞及有机汞的测定
GB/T 5009.37	食用植物油卫生标准分析方法
GB 7718	食品安全国家标准 预包装食品标签通则
GB 16740	食品安全国家标准 保健食品
GB 17405	保健食品良好生产规范
GB 6783	食品安全国家标准 食品添加剂 明胶
YBB 00122002	口服固体药用高密度聚乙烯瓶

3 技术要求

3.1 原辅料要求

3.1.1 灵芝孢子油：应符合附录 B 的规定。

3.1.2 明胶：应符合 GB 6783 的规定。

3.1.3 甘油、纯化水：应符合《中华人民共和国药典》（2015 版）二部的相应规定。

3.2 感官要求

应符合表 1 的规定。

表1　感官要求

项　目	指　标
色泽	内容物呈浅黄色
滋味、气味	具本品特有滋味和气味，无异味
性状	透明橄榄型软胶囊，内容物为油状液体
杂质	无肉眼可见的外来杂质

3.3　功能要求

增强免疫力。

3.4　标志性成分指标

应符合表2的规定。

表2　标志性成分指标

项　目	指　标
灵芝总三萜（以熊果酸计），g/100g	≥12.8

3.5　理化指标

应符合表3的规定。

表3　理化指标

项　目	指　标
灰分，%	≤3
崩解时限，min	≤60
酸价（KOH），mg/g	≤3
过氧化值，g/100g	≤0.25
砷（以As计），mg/kg	≤1.0
铅（以Pb计），mg/kg	≤1.5
汞（以Hg计），mg/kg	≤0.3

3.6 微生物指标

应符合表 4 的规定。

表 4　微生物指标

项　目	指　标
菌落总数，cfu/g	≤1000
大肠菌群，MPN/100g	≤0.92
霉菌，cfu/g	≤25
酵母，cfu/g	≤25
致病菌（指沙门氏菌、志贺氏菌、黄金色葡萄球菌、溶血性链球菌）	不得检出

3.7 净含量及允许负偏差

应符合国家质量监督检验检疫总局（2005）第 75 号令的规定。

4　生产加工过程卫生要求

应符合 GB 17405 的要求。

5　试验方法

5.1 感官要求

取适量试样置于 50mL 烧杯或白色瓷盘中，在自然光下观察色泽和状态。嗅其气味，用温开水漱口，品其滋味。

5.2 标志性成分

5.2.1 总三萜

按照附录 A 规定的方法测定。

5.3 理化指标

5.3.1 砷

按 GB 5009.11 规定的方法测定。

5.3.2 铅

按 GB 5009.12 规定的方法测定。

5.3.3 汞

按 GB 5009.17 规定的方法测定。

5.3.4 灰分

按 GB 5009.4 规定的方法测定。

5.3.5 酸价、过氧化值

按 GB/T 5009.37 规定的方法测定。

5.3.6 崩解时限

按《中华人民共和国药典》（2015 年版）四部中规定的方法测定。

5.4 净含量及负偏差的测定方法

按照 JJF 1070 规定的方法测定。

5.5 微生物指标

5.5.1 菌落总数

按照 GB 4789.2 规定的方法测定。

5.5.2 大肠菌群

按照 GB/T 4789.3 中 MPN 计数法规定的方法检验。

5.5.3 霉菌和酵母计数

按 GB 4789.15 规定的方法测定。

5.5.4 致病菌（指沙门氏菌、志贺氏菌、黄金色葡萄球菌、溶血性链球菌）

分别按 GB 4789.4、GB 4789.5、GB 4789.10 和 GB 4789.11 规定的方法检测。

6 检验规则

6.1 检验分类

产品检验分为原辅料入库检验、出厂检验和型式检验。

6.2 原辅料入库检验

6.2.1 原辅料购买时必须进行合格检验。

6.2.2 检验合格的准予入库，并标示合格品标记；检测不合格不许入库。

6.3 出厂检验

6.3.1 成品出厂前须经公司质量检验部门逐批检验，并签发合格证。

6.3.2 出厂检验项目：出厂检验项目包括感官要求中的全部项目、净含量以及理化指标中的酸价、过氧化值、崩解时限、标志性成分、微生物指标中的菌落总数、大肠菌群、霉菌和酵母。

6.4 型式检验

6.4.1 正常生产每年应进行一次型式检验。有下列情况之一，亦应进行型式检验：

（a）出厂检验与上次型式检验有较大差异时；

（b）国家保健食品监督机构提出进行型式检验的要求时；

（c）原辅料产地或供应商发生变化时；

（d）长期停产达 3 个月，恢复生产时；

（e）更换主要生产设备时。

6.4.2 型式检验项目包括技术要求中全部指标项目。

6.5　组批

同一批原料、同一生产线、同一班次生产的同一生产日期、同一规格的产品为一批。

6.6　抽样

6.6.1　成品按批抽样，抽样单位按瓶计。

6.6.2　抽样数量

每批按不少于20瓶随机抽样。其中10瓶用于感官指标、理化指标检验，5瓶用于微生物指标检验，2瓶用于标志性成分指标检验，3瓶留样备查。

6.7　判定规则

6.7.1　出厂检验的判定规则

6.7.1.1　出厂检验项目全部符合标准判为合格品

6.7.1.2　出厂检验项目如有一项（微生物检验项目除外）不符合本标准，可以加倍抽样复检。复检后如不符合本标准，判为不合格品。

6.7.1.3　微生物检验项目如有一项不符合标准，判为不合格品，不应复检。

6.7.2　型式检验的判定规则

6.7.2.1　型式检验项目全部符合标准判为合格品

6.7.2.2　型式检验项目如有一项（微生物检验项目除外）不符合本标准，可以加倍抽样复检。复检后如不符合本标准，判为不合格品。

6.7.2.3　微生物检验项目如有一项不符合标准，判为不合格品，不应复检。

7　标签、标志、包装、运输、贮存、保质期

7.1　标签

标签应符合GB 7718以及GB 16740及《保健食品标识规定》的规定。

7.2　标志

7.2.1　运输包装应标明：产品名称、公司名称和地址、规格、数量等。

7.2.2　运输包装上贮运图示应符合GB/T 191的规定。

7.3　包装

7.3.1　产品的包装材料采用符合YBB 00122002卫生标准的口服固体药用高密度聚乙烯瓶，且密封良好；大包装用符合GB/T 6543要求的瓦楞纸箱，包装纸箱应捆扎牢固，正常运输，装卸时不得松散。

7.3.2　可根据市场发展需求，发展新的包装材料和包装规格，新的包装材料和包装规格应符合国家标准相关要求。

7.4　运输

产品运输工具应经常保持清洁。不能与有毒、有害、有污染和放射性物质混

运。运输时放置挤压、暴晒、雨淋。装卸时轻拿轻放。

7.5 贮存

产品必须贮存在干燥、清洁、卫生、通风、阴凉的仓库内。离地离墙 10cm 存放。严禁露天存放，不得与有毒、有害、有污染的物品或其他杂物混存。

7.6 保质期

符合 7.5 的贮存条件产品保质期为 24 个月。

附录 A（规范性附录）

标志性成分检测方法

A：灵芝总三萜含量的测定方法

1 原理

熊果酸与灵芝三萜类化合物的分子结构中均有相似的官能团结构，在特色的显色剂作用下，在 548 nm 范围内显示相同的吸收特征，本法以三萜化合物熊果酸为对照品，以分光光度测定，测得的含量实际为总三萜化合物含量，而非单一熊果酸含量，对该含量的测定结果以总三萜化合物表示。

2 仪器

分光光度计。

3 试剂

（1）熊果酸标准品，中国食品药品检定研究院；

（2）高氯酸（分析纯）；

（3）冰乙酸（分析纯）；

（4）乙酸乙酯（分析纯）；

（5）5% 香草醛－冰乙酸：称取香草醛 0.5g，加入冰乙酸 10 mL，溶解即可。

4 对照品溶液制备与标准曲线的绘制

准确称取熊果酸标准品 11.7mg 于 100 mL 容量瓶中，用乙酸乙酯溶解，并稀释至 100 mL 刻度，配成 0.117 mg/mL 的标准贮备液。分别吸取熊果酸标准溶液 0、0.1、0.2、0.3、0.4、0.5 mL（相当于熊果酸 0～58.5ug）于 10 mL 比色管中，于 60 ℃水浴中蒸干（或加氮气吹干），然后加入 0.4 mL 5% 香草醛冰醋酸溶液，混匀，加 1.0 mL 高氯酸，混匀，在 60 ℃水浴中加热 15 分钟后移入冰浴中冷却并加入冰醋酸 5mL，混匀后置室温下 15～30 分钟内，在分光光度计 548 nm 处测定并记录吸光度值。以熊果酸质量为横坐标，吸光度值为纵坐标，绘制标准曲线图。

5 样品溶液的制备与测定

准确称取灵芝孢子油类样品 100mg 于 50 mL 容量瓶中，加入乙酸乙酯溶解并定容至刻度，混匀后吸取 0.1～0.3 mL 于 10 mL 比色管中，于 60 ℃水浴中蒸干（或加氮气吹干），然后加入 0.4 mL 5% 香草醛冰醋酸溶液，混匀，加 1.0 mL 高氯酸，混匀，在 60 ℃水浴中加热 15 分钟后移入冰浴中冷却并加入冰醋酸 5 mL，混匀后置室温下 15～30 分钟内，在分光光度计 548 nm 处测定并记录吸光度值。

6　结果计算

样品中灵芝三萜含量（以熊果酸计,%）＝［样品相当于标准品的量(mg)× 稀释倍数 ×100］／［样品重（g）×1000］

附录 B（规范性附录）

原料要求

B 灵芝孢子油质量标准

项　目	指　标
色泽	浅黄色澄清透明油状液体
滋味、气味	具有特殊的滋味、气味，无异味
灵芝总三萜,%	≥20
相对密度	0.9100～0.9200
酸价（KOH），mg/g	≤4
过氧化值，g/100g	≤0.25
砷（以 As 计），mg/kg	≤1.0
铅（以 Pb 计），mg/kg	≤1.5
菌落总数，cfu/g	≤1000
大肠菌群，MPN/100g	≤40
霉菌，cfu/g	≤25
酵母，cfu/g	≤25
致病菌（沙门氏菌、志贺氏菌、金黄色葡萄球菌）	不得检出

十 参考文献

［1］HIKINO H，KONNO C，MIRIN Y. Isolation and hypoglycemic activity of ganoderans A and B，glycans of Ganoderma Zucidum fruit bodies ［J］. Planta Med，1985，51（4）：339 – 340.

［2］MIYAZAKI T，NISHIJIMA M. Studies on fungi polysaccharides. ⅩⅩⅦ. Structural examination of a water soluble antitumor polysaccharide of Ganoderma lucidum. Chem ［J］. Pharm Bull，1981，29：3611 – 3616.

［3］Kim B K，Chung H S，Chung K S，et al. Studies on antineoplastic components of Korean basidiomycetes ［J］. Hanguk Kyunhakhoe Chi，1980，8：107 – 113.

［4］Lee S S，Chen F D，Chang S C，et al. In vivo antitumor effect of crude extracts from the mycelium of Ganoderma lucidum ［J］. J Chin Oncol，1984，5（3）：22 – 28.

［5］Furusawa E，Chou S C，Furusawa S，et al. Antitumor activity of Ganoderma lucidum，an edible mushroom，on interaperitoneally implanted lewis lung carcmoma in synergenic mice ［J］. Phytotherapy Res，1992，6：300 – 304.

［6］林志彬. 灵芝的现代研究 ［M］. 3 版，北京：北京大学医学出版社，2007.

［7］何云庆，李荣芷，陈琪，等，灵芝扶正固本有效成分灵芝多糖的化学研究 ［J］. 北京医科大学学报，1989，21（3）：225 – 227.

［8］李荣芷，何云庆. 灵芝抗衰老机理与活性成分灵芝多糖的化学与构效研究 ［J］. 北京医科大学学报，1991，23（6）：473 – 475.

［9］何云庆，李荣芷，蔡廷威，等. 灵芝肽多糖的化学研究 ［J］. 中草药，1994，25（8）：395 – 397.

［10］罗立新，周步奇，姚汝华. 灵芝多糖的结构分析 ［J］. 分析试验室，1998，17（4）：17 – 21.

［11］赵长家，何云庆. 赤芝菌丝体活性多糖的分离、纯化及结构研究 ［J］. 中药材，2002，25（4）：252 – 254.

［12］林树钱，王赛贞，林志彬，等. 草栽与段木栽培的灵芝活性成分的分离与鉴定 ［J］. 中草药，2003，34（10）：872 – 874.

［13］孙培龙，等. 灵芝中三萜类化合物的研究进展 ［J］. 食药用菌，2016，24

（2）：76.

［14］陈祖琴，等. 我国灵芝精深加工研究进展［J］. 食品安全质量检测学报，2016，7（2）：6.

［15］林志彬. 灵芝三萜类化合物药理作用研究进展［J］. 药学学报，2002，37（7）：574 - 578.

［16］SASAKI T, ARAI Y, IKEKAWA T, et al. Antitumor polysaccharides from some polyporaceae, Ganoderma applanatum and Pheltinus linteus［J］. Chem Pharm Bull, 1971, 19：821 - 826.

［17］OHTSUKA S, UENO S, YOSHIKUNU C, et al. Anticarcinogen（Kureha Chemi-callndustry Co., Ltd）Japan. 76 17166, 760531, CA. 1976, 85：190736v.

［18］张群豪，於东晖，林志彬. 用血清药理学方法研究灵芝浸膏 GL-E 的抗肿瘤作用机制［J］. 北京医科大学学报，2000，32（3）：210 - 213.

［19］胡映辉，林志彬. 灵芝菌丝体多糖对 HL-60 细胞凋亡的影响［J］. 药学学报，1999，34：264 - 268.

［20］胡映辉，林志彬，何云庆，等. 灵芝菌丝体多糖通过增强小鼠巨噬细胞功能诱导 HL-60 细胞凋亡［J］. 中国药理学通报，1999，15：27 - 30.

［21］张群豪，林志彬. 灵芝多糖（GL-B）对肿瘤坏死因子和干扰素产生及其 mR-NA 表达的影响［J］. 北京医科大学学报，1999，31：179 - 182.

［22］WANG S Y, HSU M L, HSU H C, et al. The anti-tumor effect of Ganoderma lucidum is mediated by cytokines released from activated macrophages and lymphocytes［J］. Int J Cancer, 1997, 70：699 - 705.

［23］CAO L Z, LIN Z B. Regulation on maturation and function of dendritic cells by Ganoderma lucidum polysaccharides［J］. Immunol Lett, 2002, 83：163 - 69.

［24］WU Q P, XIE Y Z, LI S Z, et al. Tumour cell adhesion and integrin expression affected by Ganoderma lucidum［J］. Enzyme and Microbial Technology, 2006, 40：32 - 41.

［25］SLIVA D, SEDLAK M, SLIVOVA V, et al. Biologic activity of spores and dried powder from Ganoderma lucidum for the inhibii：ion of highly invasive human breast and prostate cancer cells［J］. J Altern Complement Med, 2003, 9：491 - 497.

［26］张红，左云飞，长耀铮. 灵芝水煎剂对肝癌腹水瘤细胞系 Hca-F25/CL-16A3 的抗肿瘤作用的实验研究 灵芝水煎剂对带瘤鼠血清和瘤组织中 GST 及 γGT 活性的影响［J］. 中药药理与临床，1994，（5）：40 - 41.

［27］CAO Q Z, LIN Z B. Antitumor and anti-angiogenic activity of Ganoderma lucidum polysaccharides peptide［J］. Acta Pharmacol Sin, 2004, 25（6）：833 - 838.

［28］ CAO O Z, LIN Z B. Ganoderma lucidum polysaccharides peptide inhibits the growth of vascular endothelial cell and the induction of VEGF in human lung cancer cell ［J］. Life Sciences, 2006, 78: 1457 – 1463.

［29］ KIMURA Y, TANIGUCHI M, BABA K. Antitumor and antimetastatic effects on liver of triterpenoid fractions of Ganoderma lucidum.: mecharusm of action and isolation of an active substance ［J］. Anticancer Res, 2002, 22: 3309.

［30］ YUN S S, KIM S H, SA J H, et al. Antiangiogenic and inhibitory activity on inducible nitric oxide production of the mushroom Ganoderma lucidum ［J］. J Ethnopharmacology, 2004, 90: 17 – 20.

［31］ 张晓春, 陈赣玲, 马兵, 等. 灵芝多糖抑制鸡胚尿囊膜模型中的血管生成及细胞黏附 ［J］. 基础医学与临床, 2005, 25 (9): 825 – 828.

［32］ 王筱婧, 徐江平, 程玉芳. 灵芝孢子粉对裸鼠移植性人肝肿瘤血管生成的抑制作用 ［J］. 徐州医学院学报, 2006, 26 (2): 115 – 119.

［33］ ZHU H S, YANG X L, WANG L B, et al. Effects of extracts from sporoderm-broken spores of Ganoderma lucidum on HeLa cells ［J］. Cell Biol Toxicol, 2000, 16 (3): 201 – 206.

［34］ LIN S B, LI C H, LEE S S, et al. Triterpene-enriched extracts from Ganoderma lucidum inhibit growth of hepatoma cells via suppressing protein kinase C, activating mitogen-activated protein kinases and G2-phase cell cycle arrest ［J］. Life Sci, 2003, 72 (21): 2381 – 2390.

［35］ CHANG U M, LI C H, LIN L I, et al. Ganoderiol F, a ganoderma triterpene, induces senescence m hepatoma HepG2 cells ［J］. Life Sciences, 2006, 79: 1129 – 1139.

［36］ LI C H, CHEN P Y, CHANG U M. Ganoderic acid X, a lanostanoid triterpene, inhibits topoisomerases and induces apoptosis of cancer cells ［J］. Life Sciences, 2005, 77: 252 – 265.

［37］ LIN Y L, LIANG Y C, LEE S S, et al. Polysaccharide purified from Ganoderma lucidum induced activiation and maturation of human monocyte-derived dendritic cells by the NF-KB and P38 mitogen-activated protein kinase pathways ［J］. J Leukoc Biol, 2005, 78: 533 – 543.

［38］ KOHGUCHI M, KURUKATA T, WATANABE H, et al. Immuno-potentiating effects of the antlershaped fruiting body of Ganoderma lucidum (RokkaKu-Reish) ［J］. Biosci Biotechno Biochem, 2004, 68: 881 – 887.

［39］ 林志彬, 张志玲, 阮元, 等. 灵芝的药理研究 VI: 子实体不同部分对鼠腹腔巨噬细胞吞噬活力的影响 ［J］. 食用菌, 1980, 3: 5 – 6.

［40］ CAO L Z, LIN Z B. Comparison of the effects of polysaccharides from wood-cultured and bag-cultured *Ganoderma lucidum* on murine spleen Iymphocyte proliferation in vitro ［J］. Acta Pharmacol Sin, 2003b, 38: 92 − 97.

［41］ Zhang J, Tang Q, Zimmerman K M, et al. Activation of B lymphocytes by GLIS, a bioactive proteoglycan from *Ganoderma lucidum* ［J］. Life Science, 2002, 71: 623 −638.

［42］ SHAO B M, DAI H, XU W, et al. Immune receptor for polysaccharides from *Ganoderma lucidum*. Biochemical and Biophysical Research Communications ［J］. 2004, 323: 133 − 141.

［43］ 顾立刚，周勇，严宣左，等. 薄盖灵芝对小鼠腹腔巨噬细胞的作用 ［J］. 上海免疫学杂志，1990，10: 205 − 207.

［44］ 游育红，林志彬. 灵芝多糖肽对小鼠巨噬细胞自由基的清除作用 ［J］. 中国临床药理学与治疗学，2004，9: 52 − 55.

［45］ 游育红，林志彬. 灵芝多糖肽对自由基所致的腹腔巨噬细胞早期损伤的影响 ［J］. 中国药理学与毒理学杂志，2005，19: 137 − 139.

［46］ 游育红，林志彬. 灵芝多糖肽对小鼠腹腔巨噬细胞一氧化氮产生的影响 ［J］. 中国药理学通报，2004，20: 1398 − 1401.

［47］ WON S J, LEE S S, KE Y H, et al. Enhancement of splenic NK cytotoxic activity by extracts of *Ganoderma lucidum* mycelium inmice ［J］. J Biomed Lab Sci, 1989, 2: 201 − 213.

［48］ 唐庆九，张劲松，潘迎捷，等. 灵芝孢子粉碱提多糖对小鼠巨噬细胞的免疫调节作用 ［J］. 细胞与分子免疫学杂志，2004，20: 142 − 144.

［49］ 李明春，梁东升，许自明，等. 灵芝多糖对小鼠腹腔巨噬细胞蛋白激酶 A 活性的影响 ［J］. 中草药，2000，31: 353 − 355.

［50］ 李明春，梁东升，许自明，等. 灵芝多糖对小鼠巨噬细胞 cAMP 含量的影响 ［J］. 中国中药杂志，2000，25: 41 − 43.

［51］ XIA D, LIN Z B, LI R Z, et al. Effects of Ganoderma Polysaccharides on immune function in mice ［J］. J Beijing Med Univ（北京医科大学学报），1989，21: 533 − 537.

［52］ 雷林生，林志彬. 灵芝多糖对老年小鼠脾细胞 DNA 多聚酶 α 活性及免疫功能的影响 ［J］. 药学学报，1993，28: 577 − 582.

［53］ 曹容华. 生物反应调节剂灵芝多糖对免疫调节的实验研究 ［J］. 中国实验临床免疫学杂志，1993，5: 43 − 46.

［54］ CAO L Z, LIN Z B. Regulatory effect of *Ganoderma lucidum* polysaccharides on cytotoxic T lymphocytes induced by dendritic cells in vitro ［J］. Acta Pharmacol Sin, 2003a, 24

（4）：321 – 326.

［55］BAO X F, WANG X S, DONG Q, et al. Structural features of immunologically active polysaccharides from *Ganoderma Lucidum*［J］. Phytochem, 2002, 59：175 – 181.

［56］LAI S W, LIN J H, LAI S S, et al. Influence of *Ganoderma lucidum* on blood biochemistry and immune competence in horses［J］. American Journal of Chinese Medicine. 2004, 32：931 – 940.

［57］HA C L. The inhibitory effect of the Chinese herb *Ganoderma lucidum* mycelium on gut immunoglobulin A response to cholera toxin in mice［J］. Nutrition Research, 2003, 23：691 – 701.

［58］高斌，杨贵贞. 树舌多糖的免疫调节及其抑瘤作用［J］. 中国免疫学杂志，1989, 5：363 – 366.

［59］顾立刚，龚树生. 薄盖灵芝对小鼠体内外免疫反应的实验研究［J］. 上海免疫学杂志，1989, 9：145.

［60］KINO K, YAMASHITA A, YAMAOKA K, et al. Isolation and characterazition of a new immunomodulatory protein, Ling 2hi-8（L2-8）from *Ganoderma lucidum*［J］. J Biol Chem, 1989, 264：472 – 478.

［61］张群豪，林志彬. 灵芝多糖 B 的抑瘤作用和机制研究［J］. 中国中西医结合杂志，1999, 19：544 – 547.

［62］WANG Y Y, KHOO K H, CHEN S T, et al. Studies on the immuno-modulating and antitumor activities of *Ganoderma lucidum*（Reishi）polysaccharides：functional and proteomic analyses of a fucose-containing glycoprotein fraction responsible for the activities［J］. Bioorg Med Chem, 2002, 10：1057 – 1062.

［63］BAO X, WANG X S, DONG Q, et al. Structure features of immunologically active polysaccharides from *Ganoderma lucidum*［J］. Phytochemistry. 2002, 59：175 – 181.

［64］刘景田，党小军，张洁. 中药多糖增强淋巴细胞免疫与机制研究［J］. 中国药学杂志，1999, 34：807 – 809.

［65］李明春，雷林生，王庆彪，等. 灵芝多糖对小鼠 T 细胞胞浆游离 Ca^{2+} 浓度和胞内 pH 的影响［J］. 中国药理学通报，2001, 17：167 – 170.

［66］李明春，雷林生，王庆彪，等. 灵芝多糖对小鼠 T 细胞三磷酸肌醇和二酰基甘油体外作用的研究［J］. 中国药学杂志，2001, 36：526 – 528.

［67］李明春，雷林生，王庆彪，等. 灵芝多糖对小鼠 T 细胞蛋白激酶 A 和蛋激酶 c 活性的影响［J］. 中国药房，2001, 2：78 – 79.

［68］李明春，梁东升，许自明，等. 灵芝多糖对小鼠 T 细胞 IL-2. IL-3 mRNA 表达的影响［J］. 解放军药学学报，2001, 17：125 – 128.

［69］陆正武，林志彬. 灵芝多糖肽拮抗吗啡的免疫抑制作用的体外试验［J］. 中国药物依赖性杂志，1999，8：260－262.

［70］LEI L S, LIN Z B. Effects of Ganoderma polysaccharides on the activity of DNA polymerase d in spleen cells stimulated by alloantigens in mice in vitro［J］. J Beijing Med Univ（北京医科大学学报），l991，23：329－333.

［71］北京医学院药理教研组. 灵芝的药理研究 IV. 灵芝发酵浓缩液及其不同提取部分对豚鼠被动致敏皮肤反应及主动致敏肺组织释放组织胺及过敏的慢反应物质的影响［J］. 北京医学院学报，1977，1：12－18.

［72］KOHDA H, TOKUMOTO W, SAKAMOTO K, et al. The biologically active constitutents of *Ganoderma lucidum* histamine releaseinhibitory triterpenes. Chem Pharm Bul，1985，33：1367－1374.

［73］TASAKA K, AKAGI M, MIYOSHI K, et al. Anti-allergic constituents in the culture medium of *Ganoderma lucidum*（Ⅰ）. Inhibitory effect of oleic acid on histamine release［J］. Agents Actions，1988，23：153－156.

［74］WANG J F, ZANG J J, CHE W W. Study of the action of *Ganoderma lucidum* on scavenging hydroxyl radicals from plasma［J］. J Trad Chin Med，1985，5：55－60.

［75］李荣芷，何云庆. 灵芝多糖抗衰老机理的探讨［J］. 中国老年学杂志，1992，12：184.

［76］邵红霞，郑有顺，朱全红. 灵芝复方抗氧化作用的实验研究［J］. 中药药理与临床，1996，12（6）：33－34.

［77］桂兴芬，等，灵芝注射液清除自由基保护肾皮质细胞的实验研究［J］. 中国生化药物杂志，1996，17：188－190.

［78］李明春，雷林生，梁东升，等. 灵芝多糖对小鼠腹腔巨噬细胞活性氧自由基的影响［J］. 中国药理学与毒理学杂志，2000，14：65－68.

［79］陈奕，谢明勇，弓晓峰. 黑灵芝提取物清除 DPPH 自由基的作用［J］. 天然产物研究与开发，2006，18：917－921.

［80］张珏，章克昌. 灵芝菌丝体多糖的超滤提取及其抗氧化活性的研究［J］. 化学世界，2006，（1）：33－35.

［80］林志彬，张志玲，刘慧人，等. 灵芝抗放射作用的初步研究［J］. 科学通报，1980，25：178－179.

［81］MA L, LIN Z B. Antitumor effects of *Ganoderma lucidum* polysaccharide peptide［J］. Acta Pharmacol Sin，1995，16：78－79.

［82］HSU H Y, LIAN S L, LIN C C. Radioprotective effect of *Ganoderma. lucidum*（Leyss. ex. Fr.）Karst after X-ray irradiation in mice［J］. Am J Chin Med，1990，18：

61 – 69.

[83] 季修庆. 吴士良，周迎会，等. 灵芝多糖对 γ 射线照射后 NIH3T3 成纤维细胞细胞周期及细胞增殖的影响 [J]. 苏州医学院学报，2001，21（4）：379 – 380.

[84] 王丹花，翁新楚. 灵芝抗癌活性及放化疗对 HL27702 细胞的保护作用 [J]. 中国中药杂志，2006，31（19）：1618 – 1621.

[85] CHEN W C, HAU D M, LEE S S. Effects of *Ganoderma lucidum* and krestin on cellular immunocompetence in gamma-ray-irradiated mice [J]. Am J Chin Med, 1995, 23: 71 – 80.

[86] 余素清，吴树勋，刘京生，等. 灵芝孢子粉对小鼠免疫功能的影响及抗^{60}Co 辐射效应 [J]. 中国中药杂志，1997，22：625 – 626.

[87] Nonak Y, Shibata H, Nakai M, et al. Anti-tumor activities of antered of *Ganoderma lucidum* in allogenic and syngeneic tumorbearing mice [J]. Biosci Biotechnol Biochem, 2006, 70（9）：2028 – 2034.

[88] 欧棋华，林蔚，林健. 灵芝孢子粉大鼠长期毒性研究 [J]. 中国中药杂志，2005，30（22）：1784 – 1785.

[89] 吴黎敏. 灵芝孢子粉对大鼠长期毒性研究 [J]. 福建中医学院学报，2005，15（6）：25 – 27.

[90] 王伟洁，雷红莉，王海英. 灵芝孢子粉胶囊动物长期毒性试验资料. 医学信息，2000，13（11）：626 – 627.

[91] 孙晓明，张卫明，吴素玲，等. 灵芝孢子粉食品毒理学安全性评价 [J]. 中国野生植物资源，2000，19（2）：7 – 9.

[92] 郑克岩，张洁，林相友，等. 松杉灵芝多糖的抗突变作用 [J]. 吉林大学学报（理学版），2005，43（2）：235 – 237.

[93] 邓丽霞，陈小君，等. 萌动激活赤灵芝孢子粉致畸、致突变和抗突变的实验研究 [J]. 癌变·畸变·突变，2002，14（3）：183 – 185.

[94] 崔文明，刘泽钦，等. 灵芝水提取液抗突变作用实验研究 [J]. 中国食品卫生杂志，2002，14（5）：11 – 13.

[95] 龚彬荣，尤卫民，何忠平，等. 灵芝颗粒剂对大鼠的长期毒性试验 [J]. 中药药理与临床，2003，19（5）：29 – 31.

[96] LAKSHMI B, AJITH T A, JOSE N, et al. Antimutagenic activity of methanolic extract of *Ganoderma lucidum* and its effect on hepatic damage caused by benzo [a] pyrene [J]. Ethnopharmacology, 2006, 107（2）：297 – 303.

[97] CHUNG W T, LEE S H, KIM J D, et al. Effect of mycelial culture broth of *Ganoderma lucidum* on the growth characteristics of human celllines [J]. J Biosci Bioeng, 2001,

92（6）：550－555.

［98］王远征，朱永官，黄益宗. 灵芝中重金属的检测及其健康风险初步评价［J］.生态毒理学报，2006.1（4）：316－321.

［99］刘耕陶，魏怀玲，包天桐，等. 灵芝对2，4－氯苯氧乙酸（2，4-D）引起的实验性肌强直症小鼠高血清醛缩酶的影响［J］. 药学学报，1980，15（3）：142－145.

［100］顾欣. 灵芝孢子粉的药理研究之一：对动物化学性和过敏性肌炎的保护作用［J］. 中药药与临床，1993，15（2）：25－27.

［101］顾欣. 灵芝孢子粉的药理研究之二：对骨骼肌细胞膜脂质过氧化和起氧阴离子生成的影响［J］. 中药药理与临床，1993，（3）：9－11.

［102］KIM B K. 灵芝的抗人类免疫缺失病毒活性. '96 国际灵芝研讨会，特别演讲，台北，1996.

［103］EL-MEKKAWY S，MESELHY M R，NAKAMURA N，et al. Anti-HIV and anti-HIV-protease substances from *Ganoderma lucidum*［J］. Phytochemistry，1998，49：1651－1657.

［104］MIN B S，NAKAMURA N，MIYASHIRO H，et al. Triterpenes from the spores of *Ganoderma lucidum* and their inhibitory activity against HIV-1 protease［J］. Chem Pharm Bull，1998，46：1607－1612.

［105］北京医学院基础部药理教研组，灵芝的药理研究 I. 灵芝子实体制剂的药理研究［J］. 北京医学院学报，1974，（4）：246－254.

［106］北京医学院基础部药理教研组. 灵芝的药理研究 II. 灵芝发酵浓缩液及菌丝体乙醇提取液的药理研究［J］. 北京医学院学报，1975，（1）：16－22.

［107］陈伟，陈美华，刘晓鹏，等. 灵芝提取物镇痛抗炎作用研究［J］. 泰山医学院学报，2006，27：102－103.

［108］魏凌珍，徐德祥，王家骥，等. 灵芝孢子粉镇痛和抗突变作用的实验研究［J］. 中国公共卫生，2000，16：700－701.

［109］万阜昌. 人工紫芝的抗炎镇痛作用研究［J］. 中国中药杂志，1992，17：619－621.

［110］郭燕君，袁华，甘胜伟，等. 灵芝多糖对 Aj325-35 诱导阿尔茨海默病模型大鼠脑组织的保护作用［J］. 中国组织化学与细胞化学杂志，2006，15：447－451.

［111］郭燕君，袁华，张俐娜，等. 灵芝多糖对阿尔茨海默病大鼠海马组织形态学及抗氧化能力的影响［J］. 解剖学报，2006，37（5）：509－513.

［112］WANG M F，CHAN Y C，WU C L，et al. Effects of Ganoderma on aging and learning and memory ability in senescence accelerated mice［J］. International Congress Series，2004，1260：399－404.

[113] 王竞，张震宇，江明华，等. 灵芝对小鼠空间分辨学习与记忆的影响 [J]. 天然产物研究与开发，1996，8：25-28.

[114] 李亚萍，白淑芳，景绣绒. 灵芝对小鼠学习记忆作用的影响 [J]. 实验研究，2005，1：33.

[115] 邵邻相，徐丽珊，王丹. 灵芝对小鼠学习记忆和单胺类神经递质的影响 [J]. 时珍国医国药，2002，13：68-69.

[116] ZHAO H B, LIN S Q, LIU J H, and LIN Z B. Polysaccharide extract isolated from *Ganoderma lucidum* protects rat cerebral cortical neurons from hypoxia/reoxygenation injury [J]. J Pharmacol Sci, 2004, 95: 294-298.

[117] 杨海华，徐评议，刘焯霖，等. 灵芝孢子粉对脂多糖诱导多巴胺能神经元变性的影响 [J]. 中国神经精神疾病杂志，2006，32：262-264.

[118] 谢安木，刘焯霖，陈玲，等. 实验性帕金森病黑质的超微结构变化及灵芝孢子粉的影响研究 [J]. 中国神经精神疾病杂志，2004，30：11-13.

[119] 赵晓莲，王淑秋，王柏欣，等. 灵芝孢子对糖尿病大鼠脑组织的保护作用 [J]. 中成药，2006，28：884-886.

[120] 张伟，曾园山，陈小君，等. 萌动激活灵芝孢子促进大鼠受损伤的脊髓运动神经元轴突再生的作用 [J]. 中草药，2006，37：734-737.

[121] 张伟，曾园山，陈穗君. 灵芝孢子对大鼠脊神经腹根切断后脊髓运动神经元存活及其 NT-3、NOS 表达的影响 [J]. 解剖学报，2005，36：471-476.

[122] 张伟，曾园山. 灵芝孢子和云芝对大鼠脊髓受损伤运动神经元存活的影响 [J]. 解剖学报，2005，27：161-163.

[123] 马钦桃，曾园山. 灵芝孢子和一氧化氮合酶抑制剂对大鼠脊髓损伤后背核、红核神经元存活及轴突再生的影响 [J]. 解剖学报，2005，36：597-603.

[124] 马钦桃，曾园山，张伟，等. 灵芝孢子和 L2NNA 对脊髓损伤后背核线粒体细胞色素氧化酶活性的影响 [J]. 中国组织化学与细胞化学杂志，2005，14（4）：399-402.

[125] 陈奇，等. 灵芝及发酵灵芝增加冠脉循环、肺循环及耐缺氧研究 [J]. 药学学报，1979，14：141.

[126] 林志彬. 我国灵芝药理研究现状 [J]. 药学学报，1979，14（3）：183-192.

[127] 北京医学院基础部药理教研组. 灵芝的药理研究Ⅲ，灵芝制剂对小白鼠心肌摄取[86]铷的影响 [J]. 北京医学院学报，1976，（2）：80-82.

[128] KABIR Y, KIMURA S, TAMURA T. Dietary effect of *Ganoderma lucidum* mushroom on blood pressure and lipid levels in spontaneously hypertensive rats (SHR) [J]. J

Nutr Sci Vitaminol（Tokyo），1988，34：433－438.

［129］LEE S Y，RHEE H M. Cardiovascular effects of myselium extract of *Ganoderma luci-dum*：inhibition of sympathetic outflow as a mechanism of its hypotemslve action［J］. Chem Pharm Bull（Tokyo），1990，38：1359－1364.

［130］MORIGIWA A，KITABATAKE K，FUJIMOTO Y，et al. Angiotensin converting enzyme-inhibitory triterpenes from *Ganoderma lucidum*［J］. Chem Pharm Bull，1986，34：3025－3028.

［131］陈伟强，罗少洪，李红枝，等. 灵芝多糖对高脂血症大鼠血脂及脂质过氧化的影响［J］. 中国中药杂志，2005，30（17）：1358－1360.

［132］HAJJAJ H，MACE C，ROBERTS M，et al. Effect of 26－oxygenosterols from *Ganoderma lucidum* and their activity as cholesterol synthesis inhibitors［J］. Appl Environ Microbiol，2005；71（7）：3653－3658.

［133］杜先华，王卫民，龚新荣，等. 灵芝对体外培养的大鼠主动脉平滑肌细胞的抗脂质过氧化作用［J］. 中药新药与临床药理，2003，14（4）：240－242.

［134］杨瑛，肖桂林，杨宁，等. 赤灵芝煎剂对鹅膏毒菌所致兔心肌损伤的保护作用［J］. 中南药学，2006，4（3）：172－174.

［135］GAO Y H，ZHOU S F，WEN J B，HUANG M，XU A L. Mechanism of the antiulcerogeniceffect of *Ganoderma lucidum* polysaccharides on indomethacin-induced lesions in the rat［J］. Life Sciences，2002，72：731－745.

［136］杨明，孙红，于德伟，等. 树舌多糖对胃黏膜损伤大鼠胃黏膜 PGE2 含量及血流量和黏液分泌的影响［J］. 中国中药杂志，2005，30（15）：1176－1178.

［137］刘耕陶，王桂芬，魏怀玲等. 联苯双酯、二苯乙烯、五仁醇及灵芝对小鼠实验性肝损伤保护作用的比较［J］. 药学学报，1979，14：598－561.

［138］Lin J M，Lin C C，Chen M F，Ujiie T，Takada A. Radical scavenger and anti-hepatoxic activity of *Ganoderma formosanum*，*Ganoderma lucidum* and *Ganoderma neo-japonicum*［J］. J Ethnopharmacology，1995，47：33－41.

［139］LI Y Q，WANG S F. Anti-hepatitis B activities of ganoderic acid from *Ganoderma lucidum*［J］. Biotechnol Lett，2006，28（11）：837－841.

［140］杨宁，肖桂林. 灵芝煎剂对鹅膏毒蕈中毒兔肝细胞保护作用的实验研究［J］. 中国中西医结合急救杂志，2006，13（5）：273－275.

［141］张庆萍，胡显亚. 灵芝孢子粉对肝脏保护作用的药理试验研究［J］. 基层中药杂志，1997，11：40－41.

［142］王明宇，刘强，车庆明，林志彬，灵芝三萜类化合物对 3 种小鼠肝损伤模型的影响. 药学学报，2000，35（5）：326－329.

［143］Park E J, KO G, KIM J, et al. Anti fibrotic effects of a polysaccharide extracted from *Ganoderma lucidum*., glycorrhizin, and pentoxifylline in rats with cirrhosis induced by biliary obstruction［J］. Biol Ph. arm Bull, 1997, 20: 417 – 420.

［144］LIN W C, LIN W L. Ameliorative effect of *Ganoderma lucidum* on carbon tetra-chloride-induced liver fibrosis in rats［J］. World J Gastroenterol, 2006, 12（2）: 265 – 270.

［145］张正. 20 种真菌抑制 HBV 的实验研究［J］. 北京医科大学学报, 1989, 21: 455 – 458.

［146］KIM D H, SHIM S B, KIM N J, et al. Beta-glucuronidaseinhibitory activity and hepatoprotective effect of *Ganoderma lucidum*［J］. Biol. Pharm. Bull. 1999, 22: 162 – 164.

［147］LAKSHMI B, AJITH T A, JOSE N, et al. Antimutagenic activity of methanolic extract of *Ganoderma lucidum* and its effect on hepatic damage caused by benzo［a］pyrene［J］. Journal of Ethnopharmacology, 2006, 107: 297 – 303.

［148］顾欣. 灵芝孢子粉的药理研究之一: 对动物化学性和过敏性肌炎的保护作用［J］. 中药药理与临床, 1993, 15（2）: 25 – 27.

［149］顾欣. 灵芝孢子粉的药理研究之二: 对骨骼肌细胞膜脂质过氧化和起氧阴离子生成的影响［J］. 中药药理与临床, 1993（3）: 9 – 11.

［150］JIE L, KUNIYOSHI SHIMIZUA, FUMIKO K, et al. Anti-androgenic activities of the triterpenoids fraction of *Ganoderma lucidum*［J］. Food Chemistry, 2007, 100: 1691 – 1696.

［151］RUMI F, Jie L, KUNIYOSHI SHIMIZU, etal. Anti-androgenic activities of *Ganoderma lucidum*［J］. Journal of Ethnopharmacology, 2005: 107 – 112.

［152］HIKINO HIROSHI, et al. Mechanisms of hypoglycemic activity of ganoderan B: Aglycan of *Ganoderma lucidum* fruit bodies［J］. Planta Medica, 1989, 55: 423.

［153］孙颉, 何慧. 灵芝肽对实验惶糖尿病小鼠的治疗作用［J］. 食品科学, 2002, 23（11）: 133 – 135.

［154］何敏, 吴锋, 徐济良. 灵芝多糖对小鼠糖耐量的影响［J］. 南通医学院学报. 2004, 24（4）: 369 – 372.

［155］陈明德, 宋育民. 灵芝对血糖的影响［J］. 台湾农业化学与食品科学, 2005, 43（5）: 376 – 379.

［156］ZHANG H N, LIN Z B. Hypoglycemic effect of *Ganoderma lucidum*. polysaccha-rides［J］. Acta Pharmacol Sin, 2004, 25（2）: 191 – 195.

［157］张慧娜, 林志彬. 灵芝多糖对大鼠胰岛细胞分泌胰岛素功能的影响［J］. 中国临床药理学与治疗学, 2003, 8（3）: 265 – 268.

［158］陈伟强，黄际薇，罗利谅，等. 灵芝多糖调节糖尿病大鼠血糖、血脂的实验研究［J］. 中国老年学杂志，2005，25（8）：957－958.

［159］王尧，石凤英. 灵芝对糖尿病大鼠代谢紊乱及早期蛋白尿的作用［J］. 东南大学学报（医学版），2003，22（3）：163－166.

［160］王尧，石凤英. 灵芝对大鼠糖尿病肾病的保护作用［J］. 中国糖尿病杂志，2003（5）：327－331.

［161］仲丽丽，王淑秋，张维嘉. 灵芝孢子粉对2型糖尿病大鼠睾丸损伤活性氧机制的探讨［J］. 黑龙江医药科学，2006（4）：1－3.

［162］王柏欣，王淑秋，王景涛. 灵芝孢子对雄性糖尿病大鼠睾丸 AGEs 的影响［J］. 黑龙江医药科学，2006，29（3）：8－9.

［163］WANG B X, WANG S O, QIN W B, et al. Effects of *Ganoderma lucidum* spores on cytochrome C and mitochondrial calcium in the testis of NIDDM rat［J］s. Zhonghua Nan Ke Xue, 2006, 12（12）：1072－1075.

［164］JUNG S H, LEE Y S, SHIM S H, et al. Inhibitory effects of *Ganoderma applanatum* on rat lens aldose reductase and sorbitol accumulation in streptozotocin-induced diabetic rat tissues［J］. Phytother Res, 2005 Jun; 19（6）：477－480.

［165］林志彬. 我国灵芝研究现状［J］. 药学学报，1979，14：183－192.

［166］林志彬. 灵芝药理研究的新进展［J］. 食用菌，1981，（1）：10－12.

［167］CHENG Z H, WANG Y Y, SHAO Y D, et al. Effects of Ling Zhi（*Ganoderma lucidum*）on hemorheology Paramefers and symptoms of hypertensive Patients with hyperlipidemia and Sequelae of cerebral thrombosis［J］. J Chin Pharm Sci, 1992, 1（1）：46－50.

［168］北京市防治慢性支气管炎灵芝协作组. 灵芝制剂治疗慢性支气管炎临床疗效观察［J］. 北京医学院学报，1978，（2）：104－107.

［169］Kanmatsuse K, et al. Studies on *Ganoderma lucidum* I. efficacy against hypertension and side effects［J］. Yakugako Zasshi, 1985, 105（10）：942－947.

［170］JIN H M, ZHANG G P, CAO X, et al. In：Treatment of hypertension by Lingzhi combined with hypotensor and its effects on arterial, arteriolar and capillary pressure and microcirculation. Niimi H, et al. ed, Microcirculatory approach to Asian traditional medicine：Strategy for the scientific evaluation［J］. Elsevier Science B. V. 1996：131－138.

［171］龙建军，郭秀玲，杨磊，等. 灵芝对高血压病胰岛素抵抗干预作用的研究. 海南医学，2001，12（1）：55－56.

［172］ZHANG C Y, LI Y M. Clinical Investigation of Green Valley Lingzhi capsule on type 2 diabetes mellitus. In：Zhi-Bin Lin ed. Ganoderma：Genetics, Chemistry, Pharmacology and Therapeutics［J］. Beijing Medical University Press, Beijing, 2002：194－198.

［173］GAO Y H, LAN J, DAI X H, et al. A Phase Ⅰ/Ⅱ Study of Ling Zhi Mushroom *Ganoderma lucidum* （W. Curt.：Fr.）Lloyd （Aphyllophoromycetideae）Extract in Patients with Type Ⅱ Diabetes Mellitus ［J］. International Journal of Medicinal Mushrooms 2004, 6 （1）：98 – 106.

［174］北京医学院附属第三医院精神科中西医结合小组. 100 例神经衰弱与神经衰弱征候群灵芝治疗临床疗效观察 ［J］. 北京医学院学报, 1977, （2）：85 – 88.

［175］周法根, 徐红, 叶远玲. 灵芝颗粒治疗失眠症 100 例临床观察 ［J］. 中国中医药科技, 2004, 11 （5）：309 – 311.

［176］TANG W B, GAO Y H, CHEN G L, et al. A Randomized, Double-Blind and Placebo-Controlled Study of a *Ganoderma lucidum* Polysaccharide Extract （Ganopoly）in Neurasthenia ［J］. Journal of Medicinal Food, 2005, 8：53 – 58.

［177］钟建平, 李水法. 拉米夫定联合灵芝治疗慢性乙型肝炎的疗效观察 ［J］. 现代实用医学, 2006, 18 （7）：466 – 467.

［178］李友芸, 马跃荣, 刘建. 激素联合中药薄芝注射液治疗肾病综合征的临床与实验研究 ［J］. 四川医学, 2003, 23 （5）：441 – 443.

［179］LI S N, LU L J, YANG Y L, et al. Clinical observation of effect of *Ganoderma capense* （GC）on glomerulonephritis ［J］. Journal of Luzhou Medical College, 1998, 21 （3）：244 – 250.

［180］齐元富, 李秀荣, 阎明, 等. 灵芝孢子粉辅助化疗治疗消化系统肿瘤的临床观察 ［J］. 中国中西医结合杂志, 1999, 19 （9）：554 – 555.

［181］王怀瑾, 刘艳娥, 陈骏, 等. 中药灵芝煎剂治疗恶性肿瘤的临床研究 ［J］. 大连医科大学学报, 1999, 21 （1）：29 – 31.

［182］焉本魁, 魏延菊, 李育强. 老君仙灵芝口服液配合化疗治疗中晚期非小细胞性肺癌临床观察 ［J］. 中药新药与临床药理, 1998, 9 （2）：78 – 80.

［183］秦群, 谭达人, 谭桂山, 等. 灵芝口服液配合化疗治疗恶性血液疾病的临床观察及实验研究 ［J］. 中国中药杂志, 1997, 22 （6）：378 – 380.

［184］林能弟, 苏晋南, 高益槐, 等. 灵芝提取物配合化疗治疗癌症 66 例分析 ［J］. 实用中医内科杂志, 2004, 18 （5）：457 – 458.

［185］陈永浙. 灵芝胶囊治疗 89 例恶性肿瘤患者的 T 细胞亚群变化临床分析. 福建中医药, 1998, 29 （4）：11.

［186］CHEN X, HU Z P, YANG X X, et al. Monitoring of immune responses to a herbal immuncrmodulator in patients with advanced colorectal ancer ［J］. International Immunopharmacology, 2006, 6：499 – 508.

［187］张新, 贾友明, 李菁, 等. 灵芝片对肺癌的临床疗效观察. 中成药 ［J］.

2000, 22 (7): 487 - 488.

[188] 倪家源, 王晓明, 何文英. 灵芝孢子粉胶囊对脾虚证肿瘤放化疗病人临床疗效的研究 [J]. 安徽中医临床杂志, 1997, 9 (6): 292 - 293.

[189] 宋诸臣, 丛智荣, 魏金芝. 扶尔泰联合化疗治疗中、晚期恶性肿瘤临床观察 [J]. 南通大学学报 (医学版) 2006, 26 (6): 474.

[190] 徐中伟, 周荣耀, 卫洪昌. 天安灵芝胶囊治疗气血两虚型恶性肿瘤 120 例临床观察. 药学实践杂志, 2000, 18 (4): 197 - 199.

[191] 周建, 邹祥新, 周建春. 灵芝代泡剂在肿瘤辅助治疗申的临床观察 [J]. 江西中医药, 2001, 32 (3): 30 转 32.

[192] 黄建明, 钟献年, 李国标, 等, 灵芝合剂及 CD3AK 细胞对肺癌的临床疗效 [J]. 现代中西医结合杂志, 2001, 10 (8): 704 - 705.

[193] 李铁文, 肖桂林, 金益强. 灵芝煎剂治疗鹅膏毒草中毒 25 例总结 [J]. 湖南中医杂志, 2003, 19 (3): 17 - 28.

[194] 肖桂林, 刘发益, 陈作红, 等. 灵芝煎剂治疗鹅膏毒蕈中毒的临床研究 [J]. 湖南中医学院学报, 2003, 23 (1): 43 - 45.

[195] 肖桂林, 刘发益, 陈作红, 等. 灵芝煎剂治疗亚稀褶黑菇中毒患者的临床观察 [J]. 中国中西医结合杂志, 2003, 23 (4): 278 - 280.

[196] 何介元. 白毒伞中毒与紫芝在抢救中的临床应用 [J]. 中华预防医学杂志, 1978, (1): 38.

[197] 陶思祥, 叶传书. 赤灵芝对老年人细胞免疫功能的影响 [J]. 中华老年医学杂志, 1993, 12: 298 - 301.

[198] 曾广翘, 钟惟德, Petter C, 等. 全破壁灵芝孢子治疗男性更年期综合征 [J]. 广州医学院学报, 2004, 3 (1): 46 - 48.

[199] 钱睿哲, 张明, 张国平, 等. 中药灵芝对健康人甲襞微循环的作用 [J]. 微循环杂志, 1996, 6 (3): 19 - 22.

[200] NOGUCHI M, KAKUMA T, TOMIYASU K, et al. Phase I study of a methanol extract of *Ganoderma lucidum*, and medicinal mushroom, in men with mild symptoms of bladder outlet obstruction [J]. UROLOGY, 2005, 66 (S3A): 21.

[201] 张安民. 灵芝液对运动员抗疲劳作用及血中 SOD、CAT、LPO 的影响 [J]. 中国运动医学杂志, 1997, 16 (4): 302 - 304.

[201] 罗琳, 张缨. 灵芝胶囊对高住低训中运动员红细胞 CD35 数量及活性的调节作用 [J]. 山西体育科技, 2006, 26 (4): 38 - 41.

[202] NONAK Y, SHIBATA H, NAKAI M, et al. Anti-tumor activities of antered of *Ganoderma lucidum* in allogenic and syngeneic tumorbearing mice [J]. Biosci Biotechnol Bio-

chem，2006，70（9）：2028 - 2034.

[203] 张北壮，杨学君，何绍清. 广东省植物工厂智慧栽培企业标准备案，智能气候栽培灵芝植物工厂. 2017，Q/GDSZH 001—2017.

[204] 张北壮，杨学君，何绍清. 广东省食品安全企业标准备案，破壁灵芝孢子粉. 2017，Q/GDSZH 002—2017.

[205] 张北壮，杨学君，何绍清. 广东省食品安全企业标准备案，灵芝孢子油软胶囊. 2017，Q/GDSZH 003 - 2017.

[206] 张北壮. 一种净化灵芝孢子的方法，发明专利号：ZL 201310341642. 3.

[207] 张北壮. 一种复方灵芝袋泡茶的制备方法，发明专利号：ZL 2019109283 61. 5.

[208] 张北壮. 一种灵芝破壁孢子粉除静电成粒的方法，发明专利号：ZL 20191091 8008. 9.

[209] 张北壮，杨学君. 一种人工智能气候室栽培灵芝的方法，发明专利号：ZL 201910926374. 9.

[210] 杨学君. 一种换热板. 发明专利号：ZL 201210166892. 3.

[211] 张北壮，杨学君. 一种灵芝人工智能气候室栽培系统，实用新型专利号：ZL 201921629510. X.

[212] 张北壮，杨学君. 一种促进灵芝子实体原基分化的红光光照系统，实用新型专利号：ZL 201920630763. 9.

[213] 杨汉波，张北壮，杨学君. 一种灵芝栽培立体支架. 实用新型专利号：ZL 201720257709. 9.

[214] 杨汉波，张北壮，杨学君. 一种灵芝栽培室换气系统. 实用新型专利号：ZL 201720410044. 0.

[215] 张北壮. 灵芝栽培技术 ［J］. 中山大学，2012（2）：1 - 24.

[216] 张北壮. 二氧化碳浓度（呼吸强度）的测定 ［M］. 广州：中山大学出版社，2014.

[217] 张北壮，等. 几种破壁方法处理的灵芝孢子超微结构观察. 中山大学学位论文（待发表），2012：3 - 24.

[218] 张北壮，等. 不同培养基质对灵芝子实体和孢子质量的影响. 中山大学学位论文（待发表），2013：3 - 33.

[219] 张北壮，杨学君，杨汉波. 人工智能气候室种植富硒灵芝的研发与推广（待发表）. 广州市科技计划项目，2017.

[220] 李学敏，武锢，席小平，等. 破壁灵芝孢子油急性毒性与致突变性的研究田 ［J］. 中国药物与临床，2006，6（2）：108 - 110.

［221］陈新霞，石根勇，吴金龙，等. 浓缩灵芝胶囊急性毒性及致突变性研究
［J］. 江苏预防医学，1996（3）：16－18.

［222］张杰，贾淑贞，刘苹峨，等. 灵芝原浆的毒性和诱变性研究［J］. 河南卫生
防疫，1998（3）：58－59.

［223］高建波，韩晶. 灵芝胶囊大鼠长期毒性实验研究［J］. 时珍国医国药，
2008，19（4）：972－974.

［224］黄宗锈，陈冠敏，刘少娟. 灵芝胶囊的安全性毒理学研究［J］. 预防医学情
报杂志，2001，17（3）：212－213.

［225］吴黎敏. 灵芝孢子粉对大鼠长期毒性研究［J］. 福建中医学院学报，2005，
I5（6）：25－27.

［226］龚彬荣，尤卫民，何忠平，等. 灵芝颗粒剂对大鼠的长期毒性试验［J］. 中
药药理与临床，2003，19（5）：29－31.

［227］马宁宁，等. 灵芝安全性研究进展［J］. 热带生物学报，2016，7（1）：
128－131.

［228］傅颖，梅松，刘冬英，等. 灵芝软胶囊的毒性研究与安全性评价［J］. 中国
卫生检验杂志，2010，20（12）：3256－3257.

［229］孟国良，李凤玲，李新政. 灵芝浸提液的遗传毒性研究［J］. 食用菌，1997
（4）：7.

［230］李志，杨颖，张静，等，破壁灵芝孢子粉致突变性的初步研究［J］. 江西医
药，2013，48（4）：300－302.

［231］李哗，肖志勇，林蔚，等. 灵芝孢子粉胶囊急性毒性及遗传毒性实验研究
［J］. 天津药学，2007，19（12）：3－6.

［232］孙晓明，张卫明，吴素玲，等. 灵芝孢子粉食品毒理学安全性评价［J］. 中
国野生植物资源，2000，19（2）：7－9.

○ 后　记

　　几十年来我一直就职于中山大学生命科学学院,从事植物生理学、生态学教学和科研工作,其间还多涉及香蕉、花卉克隆和栽培领域的研究和实践。对于灵芝人工栽培原本不是我在大学工作的主业。这项"副业"抑或个人爱好源起于 20 多年前,有位老朋友的夫人患癌症,做了大手术,因而手术后每天服用灵芝孢子粉。后来这位老朋友索性自己种起了灵芝,我利用课余时间给予指导。经过 20 多年的历练,这位老朋友不但把灵芝产业做得有声有色,而且其夫人的病症消失,经多次体检证实身体完全康复,这是多么值得庆幸的事。我也在此期间比较深刻地了解和体会到灵芝对人体健康的意义,继而查阅了大量国内外有关灵芝药用功效和临床应用方面的文献资料,进一步认识到灵芝产业是一个朝阳产业,与健康同行,在这个领域有许多值得探究的课题。

　　2010 年灵芝产业作为中山大学对口科技扶贫项目,落户于河源市紫金县琴口村,我受学校委派,以专家身份主持落实这一扶贫项目。几年来我除了授课时间在学校,其余的时间,包括节假日几乎都在这个距离广州市 300 多公里的边远贫困山村开展工作。细算起来,几年间我先后 120 多次自驾车往返于中大与山村之间,行程达 7 万多公里。这般不辞辛苦,不计报酬之举,并非我例行专职驻村者之责,此举完全是出于对科技扶贫这一国策由衷的支持和对灵芝产业喜好。中山大学对该村的扶贫工作于 2014 年年初结束,为了使贫困村的灵芝产业项目能得到持续的发展,我协同广东圣之禾生物科技有限公司、北京华夏仙谷堂生物科技有限公司联合组建中大仙谷堂灵芝产业科技园,与紫金县琴口村签署为期 10 年的继续帮扶灵芝产业项目的协议,并为琴口村灵芝基地追加投资,用于修建栽培灵芝的人工智能气候室,以及添置大型自动灭菌装置,完善灵芝菌种生产所需的设备,为中大仙谷堂灵芝产业科技园的人工智能气候室栽培灵芝提供安全可靠的灵芝种源,同时也是对中山大学对口扶贫村——琴口村的集体经济发展和壮大的支持。

人工智能气候室栽培灵芝是一项集物联网智能监控、热交换节能、恒温换热、智能光照、超声波雾化加湿、PM2.5 过滤、气体控制、栽培技术数字化等创新技术为一体的综合工程，整个系统中的发明专利和实用新型专利多达数十项。这些系统工程均由广东圣之禾生物科技有限公司实施完成，他们是设备研制和程序数控设计方面的专家，专业素质高，技术精湛，工作态度认真，精益求精制作各项设备设施。值此，我对他们付出的智慧和辛勤劳作诚致谢意！

本书的插图中，图 7-1 的图片来自百度百科和疾病百科知识，图 7-2 的图片来自百度百科，图 7-3 的图片来自 EYE OF SCIENCE，以及灵芝的临床应用章节中的插图均来自百度图片，特此说明，并对图片的原作者诚致谢意；

值此，感谢恩师傅家瑞教授几十年来在学习和工作上对我的关注、关心和关爱；感谢恩师在耄耋之年仍一丝不苟地为本书撰写序言；

感谢家人一直以来对我工作的理解、关心和支持；

感谢中山大学出版社社长王天琪、总编辑徐劲对本书的出版给予大力的支持，感谢出版社钟永源编审对本书热情的策划和认真的审校，以及刘吕乐、梁惠芳、黄少伟、何雅涛等同志的支持与帮助。

此外，谨向关心和支持本书出版的朋友表示最真挚的谢意！

张北壮

2019 年国庆前夕